如果你走的道路正确，并坚持走下去，最终你会成功的！ ——奥巴马

没什么不可以

奥巴马给年轻人的88堂课

No reason
why not

张笑恒◎著

台海出版社

图书在版编目(CIP)数据

没什么不可以:奥巴马给年轻人的 88 堂课 / 张笑恒著.
--北京:台海出版社,2014.6

ISBN 978-7-5168-0379-0

Ⅰ.①没… Ⅱ.①张… Ⅲ.①成功心理-青年读物
Ⅳ.①B848.4-49

中国版本图书馆 CIP 数据核字 (2014) 第 153260 号

没什么不可以:奥巴马给年轻人的 88 堂课

著　　者:张笑恒

责任编辑:孙铁楠

装帧设计:天下书装　　　　版式设计:通联图文

责任校对:徐冬峰　　　　　责任印制:蔡　旭

出版发行:台海出版社

地　址:北京市朝阳区劲松南路 1 号，　邮政编码：100021

电　话:010-64041652(发行,邮购)

传　真:010-84045799(总编室)

网　址:www.taimeng.org.cn/thcbs/default.htm

E-mail:thcbs@126.com

经　销:全国各地新华书店

印　刷:北京高岭印刷有限公司

本书如有破损、缺页、装订错误,请与本社联系调换

开　本:710×1000　　　1/16

字　数:190 千字　　　　印　张:16

版　次:2014 年 9 月第 1 版　　印　次:2014 年 9 月第 1 次印刷

书　号:ISBN 978-7-5168-0379-0

定　价:35.00 元

写给有抱负的年轻人

2008年11月4日，奥巴马正式当选为美国历史上第一位非裔总统，2009年1月18日，也就是奥巴马正式就职美国总统的前一天，美国华盛顿林肯纪念堂前举办了一场声势浩大的音乐集会，这场集会标志着首都华盛顿的总统就职庆祝活动正式拉开了帷幕。

音乐会前，奥巴马发表激情演讲，再次喊出"在美国，一切皆有可能"的口号，奥巴马激情澎湃地说道："在眼前的这条路上，肯定会有许多挫折来考验这个国家的信心。尽管我们面临着巨大的困难，但是今天我站在这里，我一如既往地充满了信心，我和我们的开国先驱们一样充满了信心，我相信美国能战胜一切困难……开国者锻造的梦想也将继续延续……我不会假装说我们面前的困难将在几天、几个月甚至是一年的时间内得以解决，但在美国，一切皆有可能！"

奥巴马是能够创造奇迹的人，很多人拿他和美国过去的伟大人物相提并论，有人说在他身上看到了肯尼迪的影子，有人说他的才华可以和马丁·路德·金相提并论，有人甚至说他会成为第二个林肯……

在他身上我们能够看到无数优良品质，也正是这些品质让他取得了最终的成就。首先，他敢于梦想，成为总统是他从小的梦想，那个时候，他还只是一个不懂事的孩子，然而，当他渐渐长大，真正看清现实的时候，他确实也迷茫过一段时间，但很快，他找回了自我，并重新树立了伟大的梦想……

仅仅有梦想是不够的，他懂得为自己的梦想奋斗，学生时代，他高瞻远瞩地为未来打算。在学校里，他初次发现自己有演讲的天赋，并且发现自己喜爱演讲;在哈佛,他成为了哈佛历史上第一个《哈佛法学评论》的非裔总编,为自己获得了能力上的肯定,并赢得了良好的声誉。

他懂得为自己的梦想积累人脉,确立了人生目标之后的奥巴马就开始注重为自己网罗广泛的人脉,他谨慎地提出自己的观点,博得各类人的好感。一位名叫科克·迪拉德的共和党参议员曾由衷地赞叹奥巴马:"假如奥巴马有什么敌人的话,那纯粹是出于嫉妒。我不相信他有任何有正当理由的敌人。"后来,奥巴马竞选总统时,他所网罗的人脉为他贡献了极大的力量。

奥巴马不仅仅身上拥有一种独特的人格魅力,他的行动力也让人赞叹。当他确定了自己的奋斗计划之后,能够充满活力地将自己的计划付诸实施。在伊利诺伊州任职州参议员时,奥巴马提出了一系列法案,其中,有10个法案获得了通过,并且这些法案之中大多数是通过和共和党合作完成的。

奥巴马敏锐的洞察力能让他发现机会,而他的执行能力则能让他抓住机会。2004年,奥巴马的团队收到克里竞选总统团队有意找他做民主党代表大会上的"基调演讲"的信息,他的团队即刻便通过各种关系抓住了这个机会,奥巴马凭借一篇题为《无畏的希望》的演讲一举成名。

奥巴马非常善于学习和接受新事物。刚刚步入政坛时,奥巴马的演讲才能并不像现在这样出色,通过不断地向各种人学习,通过不断地对观众的表现进行观察,他的演讲越发出色;奥巴马和资历年纪都比自己大的麦凯恩竞选,他充分发挥了互联网的优势,得到了大批年轻选民的支持……

奥巴马身上有许多的优点,《没有什么不可以》这本书细致系统地介绍了奥巴马身上具有的优良品质。在金融危机的阴影之下,奥巴马鼓舞美国人民充满希望地面对未来。同样,他也可以鼓舞你勇敢地面对未来。

"一切皆有可能",只要我们拥有远大的梦想,并且具有优秀的品质,为自己的未来好好规划,同样可以拥有精彩的人生,取得伟大的成就,就像奥巴马说的:"Yes! We can!"

Contents
目 录

有野心,用凌云壮志赢未来

1、"我的理想是当总统！" >>>

非裔、单亲家庭、工薪阶层……奥巴马的身世平淡无奇。

但奇迹在2008年诞生了，这位非裔小伙在与共和党老将约翰·麦凯恩角逐美国总统中大获全胜，成为美国历史上前无来者的非裔总统。并在2012年击败共和党挑战者罗姆尼，成功连任。

在美国人看来，奥巴马在政治上的成功表明：梦想可以超越种族和肤色。而更广泛的意义是，奥巴马是真正从底层开始，以梦想的力量跨越各式各样的困境，并获得成功的。

奥巴马是凭着什么样的核心竞争力登上总统的宝座的呢？

梦想！

奥巴马的总统梦可以追溯到小学时期。小学三年级时，他曾经写下这样的梦想："我叫巴里·索托罗（跟随继父姓），我妈妈是我的偶像，我的教师是伊布·费尔，我有许多朋友，我的家就住在学校附近，我总是和妈妈一起步行到学校上学，放学时我则独自走回家。我希望有一天能当上总统。"

曾有一段时间，奥巴马和一些青年一样，觉得前途无望，生命没有意义。因此过了一段荒唐的日子，做了很多愚蠢的事。但这时候，他的母亲为了考取博士学位，便主动到印尼进行人类学工作。他对母亲的行为很不解，母亲却告诉他，做人要有追求，做自己喜欢并且有益于他人的事情，这样才能获得真正的快乐。他一下子就"顿悟"了，重拾丢失已久的梦想——虽然我是个非裔，但我要赢得你们的尊敬。

第一章
有野心，用凌云壮志赢未来

于是，奥巴马开始努力学习，凭借着自己的好强个性和从父母身上继承的聪明头脑，从他一个成绩平平的普通生变成了一个出色的优等生。在考取哥伦比亚大学的同时，他还效仿母亲到社区里做义工。大学毕业后，他到芝加哥的一个穷人社区做起了社区工作者，年薪只有1.3万美元，而且这个工作历来就不是资质优秀的人干的。但奥巴马坚信自己适合这样的工作，这个工作可以促使自己实现梦想。

在社区工作的经历，不仅帮他进入哈佛大学学习，还帮他打败了多名有财有势的对手，在民主党全国代表大会上脱颖而出，成为国会中非裔参议员。当他决定竞选美国总统时，这段经历又一次帮助了他。

奥巴马让我们看到梦想是奇迹的源泉。很多人都这样评论：奥巴马的成功是美国梦的成功，他的成功可以说是一个典型的美国故事。奥巴马当选总统的过程就像是一部好莱坞励志大片，他让每一个美国人见证了"American Dream（美国梦）"：一位非裔穷小子通过个人奋斗最终梦想成真，当上了美国总统。

安徒生立志写剧本，14岁时打破了自己的储钱罐，离家去追寻自己的理想。他相信，只要自己愿意努力，安徒生这个名字一定会流传千古。在哥本哈根，他几乎按遍了所有达官贵人的门铃，但没有人赏识他，他衣衫褴褛地落魄街头，却仍不减心中的热情。离家16年后，他的童话故事终于吸引了儿童的目光，并被译成多种文字风行全世界。安徒生说："只要你是天鹅蛋，那么即使你是在鸭栏里被孵出来的也没有关系。"你的理想多大，梦想多大，你的人生就能走多远。

奥巴马也曾鼓励学生说："书写美国历史的是250年前坐在你们位置上的学生，他们后来进行了独立战争并创建了这个国家。还有75年前坐在你们的位置上的年轻人和学生,他们走出了大萧条并打赢了一场世界大战;他们为民权而奋斗并把宇航员送上了月球……"不论你出身多么平凡,甚至卑微,只要你不放弃希望,终能获得甜美的果实。

1962年2月20日,上午9时47分,美国第一个环绕地球飞行的人,约翰·格林乘坐美国载人飞船"友谊"7号升空,环绕地球轨道3圈。时年41岁。

当约翰·格林还是个孩子的时候,他就经常仰望星空,他说过:"当我看着那些闪闪发亮的星星时,我就会想:那上面有什么东西,我们怎样去呢?"也正是那个时候,他树立了自己的独特梦想。

高中毕业后,他考取了马斯金格姆大学。珍珠港事件爆发后,他加入新组建的海军航空兵训练队,1943年又加入美国海军陆战队并参加了南太平洋战役。曾在海军陆战队担任试飞员数年,主要驾驶喷气式战斗机。1957年,他创造了从洛杉矶飞到纽约跨陆飞行的速度纪录。

自1959年始,约翰·格林作为美国航天计划的第一批宇航员之一参加了为期3年的训练。这是一件使他非常激动的事情,他知道自己的梦想越来越近了。终于,1962年,他成为了第一个环绕地球飞行的美国人。

在拿破仑还是个小孩子的时候,他跟他叔叔说他的理想是建立一个前所未有的超级大帝国,并让自己成为这个大帝国的皇帝。他叔叔听完嘲讽他,说他是空想。面对叔叔的质疑,拿破仑没有动摇,他坚守着内心的梦想,并最终实现了它。

有人说:"我们都需要梦想,如果没有梦想,人就相当于没有了灵魂,如机器人般死板地做事。"一个没有梦想的人就像一艘没有舵的船,永远漂流不定,在清晰远大的梦想面前,全世界都会为我们开路。

2、要避免梦想的匮乏　　　　　　　>>>

很多时候,没有梦想比贫穷更加可怕。奥巴马曾经有过一段时间迷失了自己,那是他的青少年时期,他看不清人生,并过了一段沉沦岁月。最终,是梦想把他拯救了出来,让他坚定了人生的方向。

奥巴马说过:"要避免梦想的匮乏。"他多次强调梦想的意义,并鼓励学生树立远大的梦想。

2009年9月8日,奥巴马面向全国的中小学生做了一次"开学演讲",他讲到:

"我想起了加州的安东尼·舒尔茨,他3岁起就与脑癌对抗,经历各种治疗使记忆受损,做家庭作业要比别人多花几个小时,但他从未落后,而且这个学期他将进入大学。还有来自芝加哥的珊蒂·史蒂夫,很多收养她的家庭先后抛弃了她,但是她还是在当地一个健康中心找到了工作。所以你们每个人都要设立一个目标,并尽一切力量实现它。如成为作家、发明家、大法官,甚至是美国总统。

"J·K·罗琳的第一本《哈利·波特》被出版商回绝了12次才最终出版;迈克尔·乔丹上高中时被学校的篮球队刷了下去,在他的职业生涯里,他输了几百场竞赛、投失过几千次射篮,知道他是怎样说的吗?'我终身不停地失败、失败再失败,这就是我如今成功的缘由……'

"我也常常会有感到孤独、不自信的时候,不要让失败成为你人生的最终定义,你应该从中汲取教训,下次你一定会变得不一样。要下决心做好每件事……这里是美国,你们可以自己书写命运,未来掌握在你们自己的手里。"

没有梦想的人是可悲的。就像一个人漫无目的的在路上走，没有目标，只能浑浑噩噩蒙头向前，这样的人没有终点，没有目的，自然走得也没有精神，没有力量。有时候，没有梦想的人为了寻求生活中的刺激，还有可能让自己走上一些不良的道路上去。

不知道未来在哪里，不去追寻自己的未来，美好的未来自然也不会找上门来。奥巴马曾经指出：是因为梦想，美国才建立起来；是因为梦想，美国才打败了大萧条，赢得了二战；是因为梦想，Google、Twitter、Facebook才得以出现。要想让自己变得伟大，必须避免梦想的匮乏，让梦想来指引我们的人生。

毕业于哈佛大学的美国总统奥巴马，2004年曾为克里竞选总统做"基调演讲"。而就是这次演讲，使他在人们心中留下了深刻的印象，为他今后当选总统铺平了道路。在这次演讲上，奥巴马深情地回忆了一幅画，他说，就是这幅画使他的生活发生改变，使他坚定了竞选美国总统，去改变美国，进而改变自己人生的信念。

这幅曾深深地打动奥巴马的画由英国画家乔治·弗雷德克·瓦兹所作，画面上有一个象征着世界的地球，一个年轻女子就坐在上面，她低垂着头，眼睛蒙着绷带，身体前倾，手里弹拨的古希腊七弦琴只剩下一根弦，但是女子依然俯首倾听这根弦发出的微弱乐曲音。

奥巴马对这幅画深刻地解读道："虽然这名女子穿着破烂不堪，身上遍布伤痕和血迹，她的七弦琴也只剩下一根弦，但是她仍旧没有丧失希望；虽然世界被战争撕裂，被仇恨摧残，被猜疑踩蹦，被疾病惩罚，充满了饥饿和贪婪，但这名女子仍有无畏的希望，用那根仅存的琴弦，去弹奏出对世界由衷的赞美。"在这个女子的眼里，他看到了梦想和希望,战争、贫穷在梦想和希望面前都不值一提,一切都将成为过去。

一切都不是梦想的障碍,贫穷不是,反而没有梦想是贫穷的根源;没有知识也不是,反而没有梦想是没有知识的原因。或许,现在我们的生活依然贫困,或许,我们现在没有值得自己骄傲的切实的物质和知识基础,然而,只要我们拥有梦想,我们的未来依旧是光明的。

成为总统之后的奥巴马曾问美国的年轻人:"你们会做出什么样的奉献?你们将处理什么样的难题?你们能发现什么样的事物?二十、五十或百年之后,假设那时的美国总统也来做一次开学演讲的话,他会怎样描绘你们对这个国度所做的一切?"唯有避免梦想的贫乏,我们才能够取得成绩,无愧于未来。

3、让梦想觉醒,别在学校里碌碌无为　　　　>>>>

进入哈佛之前的奥巴马已经有了坚定的梦想:从政。考入哈佛只是他梦想中的一个小步而已,他打算从哈佛毕业后,带着哈佛这块"金字招牌"和在哈佛结识的精英朋友回到芝加哥,然后寻找机会进入政界施展拳脚。

1988年,也就是奥巴马在哈佛的第二年,他获得了一次竞选《哈佛法学评论》编辑的机会。他对此并不是很感兴趣,因为他从来没有想过要成为一名大法官。他的一个朋友劝他:"这个编辑头衔很有用,除了可以当法官,更重要的,它能证明自己是一个优秀的法学院学生。几百精英中挑选出来的最佳精英,这种荣誉对自己以后不论是走哪条路都很有帮助。"

听了朋友的劝告,奥巴马在最后的几天里想通了:这个编辑职位不仅能证明自己的能力,还能让自己打开更大的社交圈子。于是,他赶紧准备相关的材料,直到截止那一天上午他才把材料准备充分。

中午时,他开着自己的车载着好友去邮局,不料车在路上抛了锚。情急之下,奥巴马给附近的同学打电话,让同学开车送他。百般焦急中,他还是错过了寄信的时间。然而,他因为口才出众,最终说服工作人员把邮戳盖在了截止时间之内。

这一年,他成功当选了《哈佛法学评论》的编辑,并且在一年之后,他又成功当选了总编辑。也正如他所预想的一样,他得到了能力的证明,也结识了更多的精英,他离梦想又近了一小步。

要有不平凡的人生,就要让自己的梦想觉醒。学生时代,我们的价值观和人生观开始形成,很多梦想也因此而产生并且成熟起来,懂得这一点,就不能在自己的学生时代碌碌无为。

如果梦想产生于学校,那么,它绝对不是等到社会上才开始去实现的。如果说价值观和人生观让我们觉醒,而行动起来则是梦想的起航。在学校里,我们可以为自己寻找平台展现能力,为自己打下坚实的人际关系网络,或许,我们还有更多需要学习的东西,那么,就把心思放在学习上面……

奥巴马曾经做过很多次关于学生要树立梦想,不要荒废学业的演讲。他曾经对学生讲到:

即使你们拥有最敬业的教师、最尽力的家长和全世界最好的学校——如果你们大家不履行你们的责任,不到校上课,不专心听讲,不

第一章
有野心，用凌云壮志赢未来

听家长、祖父祖母和其他大人的话，不付出取得成功所必须的努力，那么这一切都毫无用处，都无关紧要。这就是我今天讲话的重点：你们每个人对自己的教育应尽的责任。

你或许能成为一名出色的作家——甚至可能写书或在报纸上发表文章——但你可能要在完成那篇英文课的作文后才会发现自己的才华。你或许能成为一名创新者或发明家——甚至可能设计出新一代iPhone或研制出新型药物或疫苗——但你可能要在完成科学课的实验后才会发现自己的才华。你或许能成为一名市长或参议员或最高法院的大法官——但你可能要在参加学生会的工作或辩论队后才会发现自己的才华。

我今天呼吁你们每一个人为自己的教育设定目标，并尽自己的最大努力来实现这些目标。你的目标可以是一件十分简单的事情，例如完成家庭作业、上课专心听讲或每天花一点时间读一本书。也许你会决定要参加课外活动或在你的社区提供志愿服务。也许你会决定挺身而出保护那些因为身份或长相而受人戏弄或欺负的孩子，原因是你和我一样认为所有的年轻人都应该享有一个适合读书和学习的安全环境。也许你会决定更好地照顾自己，以便有更充沛的精力来学习。

在学校里，没有堕落的理由，正如奥巴马所说："或许你们生活中没有成年人为你们提供你们所需要的支持；或许你们家庭中有人失业，经济非常拮据；或许你们生活在使你们感觉不安全的社区；或有朋友逼迫你们去做你们知道不对的事情等，这一切都不能成为你们不用功或不努力的理由。"

奥巴马的妻子米歇尔·奥巴马和奥巴马有着类似的经历。米歇尔·奥巴马的父母没有上过大学，家里很穷，但她非常勤奋，明白上大学的重要，并且在大学里忙得不可开交。因为拥有远大的梦想，她不敢浪费自己的青春。

点燃梦想,不要在学校里碌碌无为,我们的青春经不起荒废,我们的人生也经不起等待。

4、给自己准确的定位,成功不再遥远　>>>

奥巴马能够在政治道路上走到顶点,缘于他给自己的准确定位。小时候,他的母亲曾经给他讲述英雄的故事,他听得异常兴奋;在学校里,他"惩奸除恶,帮助弱小"显示了自己的正义,并且是老师的好帮手,其领导、组织以及管理能力都得到了一定的体现;后来,当所有的朋友都确定了要去研究所工作的目标时,他的脑子里经常浮现出类似于"黑人历史月"期间每周二人权运动的场景……所以他适合走上政治道路,去为整个国家和社会做点儿什么。

1983年,从哥伦比亚大学毕业的奥巴马并没有选择薪水高的职业,而是选择申请成为社区工作者。奥巴马很明白自己的处境,他虽然在白人社区长大,但却是黑皮肤的人。在当时的美国,他要被白人接受并进入主流社会非常困难,为了有良好的发展,他便把自己定位成了一个美国式的黑人,并且,一心融入属于自己的黑人社区。

他给那些经济上、心理上处于痛苦状况的底层黑人进行辅导和安慰,并且,充分调查民情,用政府有限的财力尽可能最大化地扶持民众生活。事实证明,他具有从事社区组织工作的天赋,并且,这段经历为他后来的成功带来了很大的帮助。

第一章
有野心，用凌云壮志赢未来

给自己准确定位是奥巴马在人生道路上连获成功的秘密。在哈佛期间，他做了一个中间派，他知道：社会是由不同利益的人群组成的，你永远不可能满足所有人的利益。如果你让一部分人非常满意，那么另一部分人就会非常不满意。如果让各方都得到一定程度的满意，不是完全满足，只是让大家尽量接受，尽管还有人不满意，但至少不会触犯哪一方的底线。正是因为把自己定位成为一个中间派，他才走上了《哈佛法学评论》总编辑的位置。

我们做一件事需要首先把自己的位置摆正，才能够促进事情更好地完成。在追求妻子的时候，奥巴马给自己的定位是"自身价值"，而不是依靠金钱和衣着来吸引对方。他没钱，但他懂得展现自己的口才，展现自己拥有坚定的信念，并以此博得了对方的欢心。

给自己正确定位，还需要我们对自己有清醒的认识，我们的性格可能不适合做这件事，却适合做那件事情。茅于轼说过："每个人有每个人的长处，我的长处是做研究而不是办企业。所以我奉劝每个人要给自己定位，如果你适合做企业家，你就干企业。"

德国著名化学家奥斯瓦尔德读中学时，父母为他选择了一条学习文学的道路。老师对他的评价非常差："他很用功，但过分拘泥，这样的人即使有很完美的品德，也没有希望在文学之路上有所建树。"

父母让他改学油画，但他缺乏艺术想象力与理解力，成绩排在班级倒数第一。老师的评价很简短："你在绘画艺术上是不可造就的。"

父母并没有因此对孩子感到失望，而是带着他去寻求学校的意见。化学老师见他做事认真，建议他学学化学，他自己也觉得自己比较适合化学，便作出了选择。在化学道路上，他的智慧火花一下子被点燃了，逐渐地，他成为了"前程远大的高材生"。

1909年,他获得了诺贝尔化学奖,成为了举世瞩目的科学家。

一个人耗尽心力地去做一件事情而没有成功,并不意味着这个人是个笨蛋,而是他没有给自己准确定位,没有找到适合自己做的事情。伏尔泰是个失败的律师,却成为了伟大的文学家;柯南道尔作为医生并不出名,他的小说却名扬天下……

每个人都有自己的优势和长处,扬长避短,充分发挥自己的优势,成功将不再遥远。比尔·盖茨曾说:"做自己最擅长的事。"当初,擅长编程技术和法律的比尔·盖茨和艾伦合伙创立了微软公司,他们以自己的长处奠定了自己在这个产业的坚实基础。一直到现在,他们也一直不改初衷,"顽固"地在自己的位置——软件领域耕耘,而从不涉足其他任何一个赚钱的领域,也正因为此才有了今天的成就。

歌德这样说过:"你最适合站在哪里,就应该站在哪里。"知道自己最适合做什么,坚守在自己的位置上,专注耕耘,就一定会有一个丰硕的人生。

5、一旦插上理想的翅膀,就会爆发出无穷的创造力 >>>

奥巴马心怀远大的理想,他走访过伊利诺伊州几乎所有的城镇,在走访中,他了解到了美国人的心声,了解到每一个美国人心中都有一个非常朴实的理想:能够养育和支撑起一个比父辈更富裕的家庭,能够有一份好的工作,不用为自己的健康和退休担忧……他一再地强调"美国梦",把自己的梦想和人民的梦想联系在一起,因为众多的理

第一章
有野心,用凌云壮志赢未来

想爆发出来的创造力把他推上了总统的宝座。

2004年7月,奥巴马为克里竞选做"基调演讲"。为了做这一次演讲,奥巴马决定亲自撰写演讲稿。他花了整整两天的时间来思考演讲思路,起草演说提纲。当时,他正在准备竞选参议员,他的竞选助手临时成为了他做演讲稿子的"研究助理",帮他寻找资料。有一天,正在看篮球比赛的他突然产生了灵感:何不把自己竞选路上的所见所闻作为演讲的内容呢? 想到这里,他立刻关掉电视,写下了初稿。这灵感其实并非偶然,而是源自理想。

他给他的助手看的时候,几乎所有的助手都兴奋不已。奥巴马于是给自己的演讲稿起了一个名字——《无畏的希望》。

演讲的当天,奥巴马站在讲台的黑幕后面,他万分激动地想:"主啊,让我赶紧去讲述他们的故事吧!"在演讲中,他提到了父辈的理想,提到了"美国梦"。

毫无疑问,这次演讲,他大获成功,一夜之间成了美国家喻户晓的政治明星。他的首席募资人内斯比特对奥巴马说:"这太了不起了,你就像一个摇滚明星。"

拥有理想的他,爆发出来的创造力和活力是不可想象的,对于他的影响也是不可估量的。就在这次演讲之后,他回到了伊利诺伊州,受到了英雄般的欢迎。在竞选参议员时,他用理想的火花,点燃了每一个选民。最终,他以70%的支持率大获全胜,成为了美国历史上少数几个非裔参议员。

2007年2月10日, 奥巴马对伊利诺伊州的人民和全国的民主党员宣布:"我要竞选美国总统。"尽管当时的他已经取得了一定的政治成绩,拥有了一定的政治经验,但是他在民主党内依然经验不足。然而是梦想让他的演讲才能发挥到了淋漓尽致的地步，他说道："就是在这里，在春田市，在这个东南西北交汇的交通枢纽上，我想起美国人民本质上的宽容，我相信，以这种宽容，我们可以建立起一个更有希望的美国。"

很多人都知道理想可以引领我们前进，却不知道理想可以激发我们无穷的创造力。在理想面前，我们心情激动，我们想方设法去实现它，我们的潜力也将无穷地发挥出来。

比尔·盖茨曾经说过他最佩服的人是石油大亨洛克菲勒，他也想成为像洛克菲勒一样的人。大学三年级时，他决定离开哈佛把全部精力投入到事业中。1975年，他与孩提时代的好友保罗·艾伦创办了微软，要知道他从来没有管理公司的经验，也从未学习过和社会上的人打交道的知识。

在"计算机将成为每个家庭、每个办公室中最重要的工具"这样信念的引导下，他们开始为个人计算机开发软件。

理想让他极其冷静，让他富有远见，他对个人计算机的先见之明成为微软在软件行业成功的关键。在盖茨的领导下，微软持续地发展改进软件技术，使软件更加易用、更省钱和更富于乐趣。公司致力于长期的发展，从每年投入超过50亿美元的研究开发经费就可看出这一点。

理想激发出了他很多的能力，从来没有学过企业管理一类课程的他，在公司的发展过程中，竟然无师自通地学会了很多管理方法和为人处世的道理，使得微软一路走来没有犯下大错。

一路走来，遇到各种各样的问题，坚持着理想的比尔·盖茨总是能够依靠自己的能力把这些问题处理掉。而他自己也以飞快地速度成为了世界首富，成为了和洛克菲勒一样的人物。

梦想对行为具有导向作用,它指引着我们在行进的途中向着最初的方向前进;梦想对行为具有激励作用,让我们在行动遇到困难或阻碍时,产生克服困难的勇气、力量;而当行动接近梦想时,它又给人以鼓舞,激发工作热情。

高尔基说过:"一个人的理想越高,他的才能在发挥过程中对社会就越有益,他的潜能也会发挥得越大。如果我们每个人都有自己的远大理想,我相信,我们的社会将会发展得更快。"我们每个人都具有无穷的潜力,一旦插上理想的翅膀,我们都能翱翔天空。

6、将梦想缩小,逐步去实现 >>>

奥巴马说过:"人们总是希望开好车,穿好衣服,住好房子,却不愿意为之付出艰辛。我知道努力和奋斗的意义,而梦想就是通过一步步地努力和奋斗来实现的。"要想一下子从一楼爬到100楼,我们都很难坚持下来,但当我们把每一层楼梯都当作一个小小的目标,就能在实现一个个小目标的过程中顺利到达。

奥巴马成为《哈佛法学评论》的总编后,很多大的律师事务所和司法机构都主动找他,希望他能够加入他们的部门工作,而且薪水都非常之高。然而,奥巴马都不为所动,他决意回到芝加哥去工作,因为他已经一步一步地规划好了自己的未来,并且他对自己未来应走的道路非常坚定。

没什么不可以
奥巴马给年轻人的 88 堂课

他知道伟大的梦想不是一下子就可以实现的，必须脚踏实地，一步一个脚印地往前走。他曾经有过一段时间的社区工作，回到芝加哥后，他又回到了社区，做了6个月的选民登记工作。当他忙于律师事务所的工作时，还在芝加哥大学法学院担任宪法学讲师。

后来，他非常认真地参选了州参议员，直到2004年，他成功当选国会议员后，才正式辞去了芝加哥大学讲师的职位。他分割了他的梦想，在每一个小梦想的道路上，他都付出了极大的激情和艰辛。每实现一个梦想之后，他便着手准备去实现下一个梦想。

奥巴马成为总统的时候确实非常年轻，但他并非像外界所说的那样没有经验，因为他的目标清楚，规划合理，每一步都走得非常踏实。就这样，从社区工作开始，他一步步地走到了总统的宝座上。

聪明的人不会把梦想变成一个虚无的妄想，而是会用聪明的做法去一步步接近它，把梦想分割成一个个触手可及的目标，并切实地去执行。奥巴马在做任何一个工作的时候，都付出了极大的热情，都把工作做到了极致，或让自己打开了人脉网，或用自己的成绩证明了自己的能力。他知道自己接下来该做什么，他知道自己的每一个步骤都非常重要。

1984年，在东京国际马拉松邀请赛上，名不见经传的日本选手山田本一出人意外地夺得了世界冠军。记者问他靠什么取胜时，他只说了一句话：用智慧战胜对手。

两年后，山田本一在意大利国际马拉松邀请赛上再次夺冠，面对记者的提问，他说出了同样的回答：用智慧战胜对手。

10年后，山田本一在自传中解开了这句话的意思："每次比赛之前，我都要乘车沿着比赛的路线仔细查看一遍，并记下沿途比较醒目的标志,比如第一个标志是银行,第二个标志是红房子……这样一直记到赛程终点,这些标志也成了我的一个个的小目标。比赛开始后,我以百米的速度奋力向第一个目标冲去,等到达第一个目标后,我又以同样的速度向第二个目标冲去。40多公里的赛程,就被我分成这么8个小目标轻松完成了。最初,我并不懂这样的道理,我把目标定在40公里外的终点线上,结果我跑了十几公里就疲惫不堪了,我被前面那段遥远的路程给吓倒了。"

梦想不可能一下子就实现,它需要我们描绘一个蓝图,需要我们清楚地知道自己接下来要做什么,只有按照自己设定的计划走下去,付出努力和汗水,我们才会拥有属于自己的美好未来。

玫凯琳说过:"每晚写下次日必须办理的6件要务,照表行事,便不至于把时间浪费在无谓的事情上。"把梦想缩小,分割成一个个小目标还有一个好处,那就是当我们想要偷懒的时候,回头看看是否已经完成了既定的任务,如果没有完成,那就咬咬牙,先把它做完再说。因为分割目标后,我们能明确知道自己未来必须做的工作。

善主动，伸出双手才能抓住奇迹

7、放弃借口,才有赢的希望   >>>

　　奥巴马在他的自传里说过:"多数人失败之后,仍能在私下舔自己的伤口,政治家可不一样,他们没有这个特权,他们的失败将公诸于众。你必须面对空了一半座位的大厅诚心诚意地发表演说,承认失败;你必须故作坚强,宽慰你的竞选伙伴和支持者;你必须给帮助过你的人打电话表示感谢,还得尴尬地请求他们在你退出竞选时进一步向你提供帮助……"

　　奥巴马是一个政治家,一路走来,尽管也有脆弱的时候,但他能够很快振作起来,他从未在公众面前找过任何借口,他知道,只有放弃借口,才有赢的希望。

　　奥巴马在竞选伊利诺伊州第一选区的美国众议员席位时,遭受了失败,并且留下了6万美元的债务。在竞选之初,他拥有绝对的自信可以取得胜利,但失败的落差让他一时无法忍受。他不能接受这个现实,刚刚失败的他只把对手能赢看成了对手的机遇。他甚至对自己产生了怀疑:"那个来自夏威夷,名叫奥巴马的小子真的能在政坛上取得成功吗?要知道,很多情况下,投票人所掌握的信息都非常有限,他们作决策的依据仅仅是某人的名字比较悦耳,或者与自己沾亲带故……"

　　他几乎要相信那条"隔离带"是真实存在的。竞选过程中,对手所说的"你还不够黑人的资格,芝加哥永远不会把一个名叫奥巴马的家伙看成自己人"不断在他的脑海里重复。

　　他突然想起了德高望重的牛顿·米诺对他说过的话:"你还有很多

机会。"他感到备受鼓舞。接下来,他决定不再找外在的借口,而是在自己身上寻找失败的原因。他发现,首先,没有获得足够的支持是一败涂地的根本原因。在他竞选之前,几乎所有人都认为他没有资格挑战对手。其次,刚刚步入政坛的他还不具备政治家的基本能力:强大的、富于感染的说服力。

找到了自己失败的原因后,他开始重整旗鼓,再一次抱着自信的姿态站了起来。他有超强的学习能力,他自信自己会不断改进不足,他需要的只是时间而已。

也正是这次失败,让他懂得真正放弃借口的意义,让他完成了从"奥巴马教授"到"奥巴马政客"的蜕变。

在政治上已经成熟的他很快走出了失败的阴影。2002年秋,在州议会待了不到6年的奥巴马代表伊利诺伊州竞选2004年的联邦参议员,为了获得竞选经费,奥巴马一家甚至把房子都抵押了出去。在竞选过程中,他的对手霍尔卷入了家庭虐待的丑闻当中,他抓住了这一机会,大肆演讲和宣传,最终以52%的支持率赢得了伊利诺伊州民主党联邦参议员候选人的资格。

很多人在做不成一件事情或者受到批评的时候,总会为自己找种种借口来开脱,因为害怕承担错误,害怕被笑话,只想得到自身的解脱,甚至不惜归咎于命运。借口仿佛成了一个万能的"挡箭牌",试图在借口下面掩盖自身错误。为自己寻找借口不是一个好的习惯,尤其是失败之后为自己寻找借口,更不可能得到怜悯,反而会被很多人嘲笑。只有从自身寻找原因,让自己振作起来,才有可能东山再起。

在众多可以寻找的借口上,贫穷可以说是"首选",很多人抱怨自己的贫穷,因为贫穷而无法获得成功。其实并不是如此,有时候阻碍我们前进的不是贫穷,而是借口。

第二章
善主动,伸出双手才能抓住奇迹

曾经有一个年轻人,家里特别贫困,因此从小没有读过多少书。有一天他来到城市里,想在城市里找一份工作。然而,他没有文凭,城市里没有人看得起他。

在他离开那座城市之前,他给当时非常著名的银行家罗斯写了一封信。他向罗斯抱怨说:"命运对我是如此的不公,如果您能借给我一点钱的话,我会先去上学,然后再找一份工作。"

信寄出去之后,他就一直在旅馆里等,一连好几天过去了,他用光了身上最后一分钱,只得打理行装准备离开。

这个时候,房东告诉他银行家罗斯给他寄来一封信。

可是,罗斯并没有对他的遭遇表示同情,而是在信里给他讲了一个故事。

罗斯说:"在浩瀚的海洋里生活着很多鱼,那些鱼都有鱼鳔,但是唯独鲨鱼没有鱼鳔。没有鱼鳔的鲨鱼照理来说是不可能活下去的,因为它行动极为不便,很容易沉入水底,在海洋里只要一停下来就有可能丧生。为了生存,鲨鱼只能不停地运动,很多年后,鲨鱼拥有了强健的体魄,成了同类中最凶猛的鱼。"

在信的最后,罗斯说:"这个城市就是一个浩瀚的海洋,拥有文凭的人很多,但成功的人很少。你现在就是一条没有鱼鳔的鱼……"

那天晚上,他躺在床上想到了很多。第二天,他跟旅馆的老板说,只要给一碗饭吃,他可以留下来当服务生,一分钱工资都不要。

旅馆老板不相信世上有这么便宜的劳动力,很高兴地留下了他。

10年之后,他拥有了令人羡慕的财富,并且娶了银行家罗斯的女儿。

借口让我们养成逃避的习惯,不敢担当,结果当然会与成功失之交臂。只要我们拒绝借口,勇于承担责任,就能做好每一件事。成功永远不会属于为自己寻找借口的人。贫穷不是借口,可以去奋斗致富;没有朋友不是借口,可以去结交朋友;失败不是借口,可以去总结经验……

我们要坚决摒弃借口,要让自己拥有一种毫不畏惧的决心、坚强的毅力、完美的执行力,让自己拥有在限定时间内把握每一分每一秒去完成任何一项任务的信心和信念,为自己赢得未来。

8、等来的永远不是奇迹　>>>

奥巴马创造了多项奇迹:他是第一位非洲裔总统;在竞选中,他创造了最高的筹款记录,他募得的竞选经费,几乎是2004年布什和克里两位候选人募得的总和,美国乃至世界媒体都惊叹他的超级人气和吸金能力;2008年,明确表示支持奥巴马的报纸也是历史之最,据媒体统计,2004年美国总统大选时,民主党总统候选人克里得到128家报纸的支持,而共和党候选人布什只有105家。而在2008年,大选前,奥巴马已得到231家美国报纸的公开支持……

奇迹不是等来的,奥巴马的竞选团队和支持者组织了很多志愿者进行宣传活动。就像他自己说的那样:"竞选活动的声势也来自那些已经不再年轻的人们,他们冒着严寒酷暑,敲开陌生人的家门进行竞选活动。竞选声势也源自数百万的美国民众,他们充当志愿者和组织者……"奥巴马的奇迹出现是因为那些支持者们从自己微薄的收入中捐出5美元、10美元、20美元……这样一点一滴缔造的。

第二章
善主动,伸出双手才能抓住奇迹

奥巴马早就明白了这个道理:奇迹永远不是等来的。早在社区工作的时候,他就想要施展一番拳脚,但是社区资源有限,他发现很多人也只是喊喊口号过过瘾而已,尽管他为社区做出了一些贡献,但他感悟到:只有利用更多的资源,得到更多的教育才能改变命运,才能做更多的贡献,如果在这个工作岗位上一直干下去,他的一辈子必将平凡。

两年多来,他的芝加哥朋友也劝他早作打算,他们知道他拥有能力,他们劝他:"不要总是在社区里等待机会。"

在接下来的日子里,奥巴马将全部业余时间都花在了学习上,虽然黑人社区环境很差,但有免费的公立图书馆系统。经过一段时间的学习,他的笔试成绩得到了提高,27岁的时候,他如愿以偿,去了哈佛大学。

他本来没有把自己准备考哈佛的事情告诉任何朋友,但是当他突然告诉他的朋友们被哈佛录取时,他的朋友们却都没有感到惊讶,他们都明白:他是一匹黑马,只要不是苦坐等待,就能够创造奇迹。

美国哲学家爱默生曾说:"只有肤浅的人才相信运气,坚强的人相信凡事有果必有因,一切事物皆有规则可循。"一些人错把别人的成功当成运气,觉得是他们运气太好,所以才有机会创造奇迹。其实,奇迹并不会凭空产生,它需要人们的不断探索与寻找,需要人们的勇敢与追寻。

在美国的一家大型公司,一次座谈会上董事长发言时,让每一位参加的员工都站起来,看自己的椅子。结果,每个人都在自己的椅子下发现美钞,最少是1美元,而最多的有100美元。各位员工都很惊讶,董事长只说了一句话:"我只想告诉你们:坐着不动是永远得不到钱的!"机会要靠你自己去寻找,去把握,而不是等待别人送到你的手心。

默巴克在闲暇的时候,总是在学生公寓的各个地方打扫,墙角、沙发下面、床铺下面他都清理得很干净,而且还在下面扫到了许多沾满灰尘的硬币,有1美分的、2美分的,还有5美分的,最后居然有很大的一堆。

当默巴克将这些硬币还给宿舍的那些同学时,并没有人表现出对这些硬币的热情。他们根本就不屑一顾,对默巴克说:"这些硬币送给你了。"

一个月后,当他把积攒起来的硬币数了一下后,居然发现有500美元。他通过收集硬币资料得知:国家每年有105亿美元的硬币被大家扔在各个角落里。默巴克想,如果能有效地利用这些硬币,那么这将是一笔巨大的财富。这样既能解决人们为手中硬币的出路而烦恼,又能为自己带来可观的利润,这是一举两得的好事。

大学毕业后,默巴克成立了"硬币之星"公司。他花了几千美元购置了一些自动换币机,安装在各个大型超市内。机器每分钟可以数出600枚硬币,顾客也不需要等待。顾客只需将手中的硬币投进机器内,机器就会转动点数,最后打出一张收条,写出硬币的价格,顾客凭收条到超市服务台去领取现金。自动换币机要收取约9%的手续费,所得利润与超市按比例分成。

"硬币之星"大获成功。仅仅5年时间,"硬币之星"便在全美8900家主要的超市连锁店设立了10800个自动换币机,并成为纳斯达克的上市公司。这个业务迅速让默巴克成为令人瞩目的亿万富翁。

行动起来的人,硬币就能让他创造奇迹。

有时候,奇迹就存在于我们的生活之中,需要我们用心去发现,需要我们行动起来,需要我们调动一切潜能,用眼睛、用智慧、用执行能力去创造。那些看似运气很好的人,并非是获得上帝的恩赐,而是时刻准备,努力争取来的。在他们眼里,运气时刻存在,但并非随意从天而降。

等来的永远不会是奇迹,只能是没有作为,是茫然不知所措,等待不可能看到希望,只知道等待的人永远不会有出头之日。只有行动才能创造奇迹,不甘等待的比尔·盖茨,等不及大学毕业就离校创业,因此才有了微软帝国的奇迹;不甘等待的洛克菲勒,等不及战后就开始做生意,因此才有了石油帝国的奇迹。

真正追求成功的人通常将运气撇在一边,抓住机会,不放过任何让自己成功的可能。他们不会等待运气护送他们走向成功,而会用努力换取更多成功的机会。他们可能会因为经验不足、判断失误而犯错,但是会从错误中不断学习,等他们逐渐成熟后,就会成功。

9、与其坐等时机,不如主动出击 >>>

2004年,就有不少记者问奥巴马:"是否准备竞选2008年美国总统?"他的回答总是这样的:"先做完6年参议员。"他担任参议员期间,也回答过同样的问题,他开玩笑说:"我现在还没有弄清楚国会山的厕所在什么地方。"2006年的时候,别人问他这个问题时,他的口气变了:"我倒是想过这件事。"到了2007年2月,奥巴马已经正式宣布竞选总统。

奥巴马和自己的团队仔细分析过自己的状况。翻开美国历史,只有两人以参议员身份竞选总统成功,分别是哈丁和肯尼迪,可见以参议员身份竞选总统赢的几率非常之小。

没什么不可以
奥巴马给年轻人的88堂课

　　布什总统任期中,共和党的情况确实不妙,是民主党夺权的最佳时机,但民主党内最强劲的候选人是希拉里·克林顿,而且她是政治场上的老手,无论是从政经验还是后盾支持(丈夫克林顿)上都明显高于奥巴马。

　　奥巴马还只是一个政治场上的新手而已,经验不足,也没有特别伟大的建树,很明显,对于他来说,时机似乎并没有完全成熟。但是很多在他手下的人都准备大显身手,催促他决定竞选:"如果这次不竞选总统,要等以后的时机,就要拖到8年之后。"

　　他问了自己的妻子,他的妻子也支持他竞选:"既然想要竞选总统,在两个女儿还小的时候竞选对她们的影响可能会小一些。"

　　得到了朋友和家人的支持后,奥巴马不再犹豫,他决定主动出击。虽然他政治经验不多,但是他可以用出众的口才等优势来弥补。事实证明,他的主动出击是正确的。

　　很多人打算做一件事的时候,总是想等到所有的东西都准备好,时机绝对成熟之后才开始行动,其实,时机根本没有绝对成熟的时候,必要的时候,我们就应该主动出击,一直等下去,我们将失去行动的可能。如果奥巴马做了6年的参议员,提升了自己在党内的地位,对于风云莫测的政坛来说,又会出现什么样的变化呢?

　　无独有偶,奥巴马最敬佩的人之一——肯尼迪,当年决定竞选总统的时候,很多人劝他:"你还太年轻,不如去竞选副总统要稳当些。"肯尼迪否决了这个说法,毅然决定主动出击,竞选总统。在竞选过程中,他稳扎稳打,发挥了自己的优势,利用电视媒体充分地向民众展现了自己的魅力,大选结束后,他成为了美国历史上最年轻的总统。

　　在恰当的时候,主动出击,去迎接对手的挑战,看似有些冒险,其实是最正确的做法。很多杰出的人,他们的成功得益于自身的果断、雷厉风行的魄力,虽然也有犯错误的时候,但他们能抓住较多的机会,取得的成就因此也更大。

科莱特在1973年考进哈佛大学,经常坐在他身边的同学,是一个18岁的美国青年。大二那年,这个小伙子邀请科莱特和他一起退学,合作开发财务软件,并向他阐明这是向创业主动出击的时刻。

不过科莱特拒绝了,因为他好不容易来到这里求学,怎么可以轻易退学?更何况那项系统的研发才刚起步而已。所以,他认为要开发财务软件,必须读完大学的全部课程才行。他觉得在大学里也能等到更多机遇。

10年后,科莱特终于成为哈佛大学财务软件领域的高手,而那个退学的小伙子,也在这一年挤进了美国亿万富翁的行列。当科莱特拿到博士学位之时,那个曾经同窗的青年则已经晋升到了美国第二大富豪。

在1995年,科莱特终于认为自己具备足够学识,可以研究并开发财务软件时,那个小伙子已经绕过原有系统,开发出新的财务软件,其速度比之前要快1500倍,而且在两周之内,这个软件便占领了全球市场。这一年,他成为世界首富,他就是比尔·盖茨。

坐等时机往往让我们变得很被动,只有主动出击才能让我们变得主动,因为只有选择进攻我们才会有改变现状的可能。完美的机会永远不会投怀送抱,有时候我们还需要主动出击为自己创造机会。在主动出击的过程中,会出现很多变量,在这些变量中,我们就能发现一个又一个良机。

无论在任何时候,主动出击都是为自己赢得先机的最佳方法。面临被动时,主动出击可以让自己变被动为主动;处境良好时,主动出击则可以让自己取得更大的成功。

10、机会源于充分相信自己的选择　　　　>>>>

2008年，奥巴马在角逐总统的初选中脱颖而出，但这并不意味着他能够一路扶摇直上走上总统的宝座。希拉里·克林顿是一个非常强劲的对手，有着非常丰厚的经验，其所展现出来的力量让人惊叹。在民主党内部选举总统候选人时，奥巴马和希拉里·克林顿在各州争得不可开交，但他坚持了自己的选择，并最终取得了优势。

在奥巴马角逐总统的初选时，他并不被人看好，特别是在一些白人占主导地位的州，一个名不见经传的黑人很难得到认可。然而，奥巴马并没有为此而放弃竞选总统。他捷足先登，首先走到这些地区竞选，以取得优势。他诚恳地说："在一些重要的议题上，尤其是谁来领导这个国家的议题上，人民的选择会超越种族。"

在一次与选民的见面会上，希拉里被问到如何化解竞选压力时，她潸然泪下："这么多年来一直在世界各地奔忙，我问过很多人同样的问题：如何化解压力？现在我明白了这个问题的答案，那就是与普通人之间的问候、了解和关怀。"此举为希拉里赢得了不少支持。

但奥巴马没有惊慌失措，终于等到了他发言的机会。奥巴马沉着地表达了自己曾经在社区里工作过的经历，以争取这个州的黑人选票……

两人竞争可谓相当激烈。

奥巴马坚定不移地相信着自己的选择，他对自己的支持者说："有些人不相信我们会取得成功，觉得我们是在做一件极其荒谬的事情，

第二章
善主动,伸出双手才能抓住奇迹

那些人甚至说国家分歧太多以致意见难以统一,但是选民的正确抉择会让那些批评家闭上嘴。"就这样,他坚持了下来,事情的结果也正如他所预料的那样。

如果一个人不能坚持自己的选择,那么他注定一事无成。因为他的想法会被他人左右,从而无法把握住成功的最佳时机。对这种人来说,机会往往会从他们手中溜走,留下的只是永久的遗憾。在2008年的总统大选中,奥巴马一次次地抓住了对自己有利的机会。

当麦凯恩邀请佩林作为自己的竞选搭档,拉走了自己的女性选票时,奥巴马则等到了金融危机的机会。金融危机是百年一遇的,在美国的选民看来,这次危机是政府的失职,美国前总统布什和麦凯恩是一个党派,麦凯恩也不止一次地支持过布什的各种施政方略。无疑,这对奥巴马来说是一个机会,他呼吁"变革",迎合了选民在金融危机下的心理需求,而"变革"这个口号是他早就作出的选择。

奥巴马坚信自己的选择是正确的,坚信自己走的路是正确的。正是由于这样的信念,一路走来,他抓住任何属于自己的机会,一路积累,慢慢地树立了他在美国人民心目中的亲民形象。

露丝是英国一家理财公司的普通员工,虽然她十分有能力,而且工作上也很努力,但她的能力却得不到上司的认可,领导也不给她施展自己才能的机会,而且还总是被一些资深的同事排挤,使她很难有所作为。

一开始露丝很茫然,但随后她认为,不能一味让事态就此发展下去,因为这种现状根本无法实现自己的人生价值。最后露丝毅然而然地向公司递了辞职信,她开始了自己全新的生活:创业。露丝坚定着自己的选择,她每天都对自己说:"我能行。"

这种积极的心理暗示让她度过了最开始的艰难创业期,终于她等到了一个机会,一个客户跟她接触之后,愿意给她机会,让她帮助自己理财。她非常高兴地接了自己的第一单生意。

随着自己的事业做得越来越大,小小的公司也在几年的时间中成为了一家颇具规模的公司。回想从前,露丝一直很感激当初生活给予她的那些不顺境遇,也庆幸自己能拥有一个积极的良好心态,坚持了自己的选择。

有时候,我们会因为实现目标太过困难,抱怨没有自己施展才华的机会,感慨命运不公,抱怨生活。其实,并不是命运对于我们有多么不公平,关键在于在面对打击和困难的时候,我们能够一如既往地坚持下去。每个人的机会都不是偶然的,而是无数坚定的信念换来的。华盛顿·布罗林在丧失了活动和说话能力情况下,花了整整13年的时间,用一根手指指挥工程,直至雄伟壮观的布鲁克林大桥圆满落成。

有智慧的人总是会坚强起来,坚信自己的选择,即使是前人没有走过的道路,他也会义无反顾地走下去。也只有这样的人才能等到属于自己展翅高飞的机会,取得应有的成功。

11、机会青睐时刻准备着的人   >>>

众所周知,奥巴马的演讲才能在其竞选总统中发挥了重要作用,然而,早在2000年之前,他并不适合给群众做演讲。他原先比较适合做冗长而复杂的分析,是因为一次竞选众议员失败的经历,他才开始转变，并学习向人民演讲的技巧。我们看到的他动人的演讲才能就是从那个时候开始准备的。

对于一个政治家而言，最重要的是在一个恰当的时机把自己"卖一个好价钱"，对于能够"卖高价"的政治家，有的人认为他们拥有着不可思议的运气，其实，这是一种把握机会的能力。无疑，奥巴马具有这种能力，并且，他时刻准备着把握人生道路上的机会，他知道，机会往往青睐有准备的人。

2000年的时候，奥巴马竞选国会议员败给了博比·拉什，他总结经验时，发现一个非常重要的问题，那就是在那次大选中他只筹备了53万美元。对于一个新人来说，这已经是个非常了不起的成绩了，但在资金实力上他仍然远远落后于对手。

关于这次的联邦参议员竞选，他明白自己需要更多的资金支持。他对竞选团队中负责筹款的马丁·内斯比特说："如果你能筹到400万美元，那么我们有40%的机会获胜；如果你能筹到600万美元，那么我们就有60%的机会获胜；如果你能筹到1000万美元，我们就一定能赢。总之，请给我最大的支持。"可以说，为了赢得当选联邦参议员的机会，他做足了准备。

就在他以绝对优势夺得伊利诺伊州联邦参议员党内提名人资格的时候，他的眼前又出现了一个极其重要的机会：奥巴马接到了玛丽·凯西尔打来的电话，做"基调演讲"。

演讲才能是奥巴马早就为自己的政治道路做好的准备，在这个演讲中，他一鸣惊人。等回到伊利诺伊州时，他顺利赢得了联邦参议员的职位。

其实奥巴马不仅在参选联邦参议员的过程中抓住了随即出现的

机会,决定竞选参议员也是因为偶然的机遇出现。2002年,奥巴马就洞察到了这个难得的机会:虽然几十年来的美国历史中,活跃在政治舞台上的大多是共和党人,民主党人偶尔有一些机会,但现今共和党正步入低谷,政治地盘正大面积失守,政治大环境对民主党人有利。而彼得政绩不佳,人们埋怨较多,这正是天赐良机,时刻准备着的奥巴马怎会错过?

机会只会留给有准备的人,很多人感慨生不逢时,抱怨上帝没有给他们创造机会,实际上却是当机会出现在他们面前时,他们没有抓住,或者说没有抓住机会的能力。

一个人必须准备妥当,随时保持着最佳状态,等待着机会的出现,并及时抓住它。否则,机会到来的时候手忙脚乱,也一定会错过它。

贝特格曾经只是麦森陶瓷厂的一个垃圾工人。当时,麦森陶瓷厂完全靠着一位叫普塞的意大利技师和他的几个徒弟支撑。有一天,普塞技师因跟厂方意见不和而发生争执,后来竟一怒之下带着自己的几个徒弟回了意大利。

因无人接替普塞的位置,麦森陶瓷厂的高管层顿时乱成了一锅粥。

就在麦森陶瓷厂举步维艰之际,贝特格拿着自己烧制的花瓶站了出来:"请你们看看这个,它的质量跟咱们厂的产品相比哪个更好?"

陶瓷厂高管看后,个个目瞪口呆,纷纷问贝特格:"这花瓶真的是你烧制的?"

贝特格给予了肯定的回答。原来,这个在厂里毫不起眼的垃圾工一直在默默地学习着普塞技师的手艺,连厂方正式派去跟普塞学艺的工作人员都没能学会的技术,他全部都学会了。

陶瓷厂的高管说:"只要你能取代普塞,你不但不用再干运垃圾的工作,从现在开始,你的月薪还能跟普塞一样,每月1万欧元。"

就这样,麦森陶瓷厂又开工了。贝特格,这个当初的垃圾工,做梦也没想到自己能拿如此高的工资,他感叹自己多年的默默学习没有白费。

有人说:"机遇往往像刚出炉的山竽,是很烫手的,准备不足、本事不强、能耐不够者是抓不住的。只有不断提升个人实力与时刻准备着的人,才会受到机遇的青睐。"我们有太多的东西需要准备,想要抓住机遇,需要我们具有识别机遇的能力,拥有果断行动的执行力……

世界著名的石油大王洛克菲勒谈到自己的创业史时,只说了一句话:"压倒一切的是机遇。"可以说,我们每个人的命运都是由一连串的机遇组成的,而我们每个人又都是自己人生的设计师,只有设计好自己的人生,并时刻准备着,才能抓住随之而来的机遇。

12、去尝试没做过的事　　　　　　　>>>>

奥巴马站在芝加哥的夜空之下,激情澎湃地向台下数万名支持者发表获胜感言时,说过一句话:"我曾经是最不可能赢的人。"然而,他最终获得了成功,其原因在于他敢于尝试。就在获胜总统选举的几年之前,他才刚刚还清贷款,在这样的情况下,他敢于去竞选总统。

在奥巴马之前,美国历史上还没有一个黑人当选过总统,无疑,这对于他来说是一次伟大的尝试。

奥巴马一路走来,一直在尝试着一条全新的道路。当他已经成为哈佛大学法学期刊编辑的时候,他本来无意竞选总编。

没什么不可以

奥巴马给年轻人的88堂课

  一个比奥巴马年长的黑人学长却说:"你是不敢参选,因为该杂志从来没有出现过黑人总编。"一个黑人同学也埋怨说:"奥巴马,你连尝试一下的胆子都没有吗?"又有一位学长要跟奥巴马打赌:"你肯定选不上。"

  在质疑中,奥巴马突然觉得这个挑战好像还挺有意思,既然从来都没有黑人当过总编,自己成为第一个黑人总编也挺好玩儿。他还想:自己已经花了不少时间与精力做好编辑了,为何不做个总编呢?他把自己的情况与应届毕业生做了一个对比之后,觉得自己毫不逊色,因此,他决定尝试去竞争。

  在80名编辑中,有19名同学申请竞选总编一职。当任总编想出了一个奇特的选总编的方法:所有竞选者在同一个房子里为评委做早餐,这个房间就像一个审讯室,还设有隔音玻璃窗,其余不竞选总编的人在外面讨论各个候选人的优缺点,然后由总编主持公平评审。每淘汰一个竞选者,他的名字就会贴在玻璃窗上,然后被淘汰者就加入评审人的小组中。

  总编评审非常激烈,一直从早上8点持续到午夜12点,奥巴马最终获得了胜利,成为了该杂志的第一个黑人总编。

  对于奥巴马来说,所有的一切都是尝试。因为他勤奋刻苦,付出更多的努力,每一次勇敢的尝试都带给了他无尽的财富。别人梦想去研究所工作,而有高学历的他却去尝试社区的生活,他的这种尝试得到了千万底层人民的认可。他比别人更有勇气,比别人更加坚韧,才取得了如今的成绩。

  对每一个成功的人来说,并不是每一件事都是他们所擅长的,但是他们勇于尝试新的事物,勇于尝试自己没做过的事,在每一次的尝试中,他们让自己独立起来,在每一次的尝试中,他们都能学到别人不

第二章
善主动,伸出双手才能抓住奇迹

会的东西。他们不惧怕尝试,不惧怕做第一人,他们不仅有着勇敢且执著的信念,还有着一股不屈不挠的斗志。

有时候,也只有尝试了,才知道事情到底是难还是不难,才知道自己到底有多大的能力。

1864年,美国南北战争结束,林肯接受一位叫马维尔的记者的采访。

马维尔问道:"据我所知,上两届总统都曾想过废除黑奴制,《解放黑奴宣言》也早在他们那个时期就已草就,可是他们都没拿起笔签署它。请问总统先生,他们是不是想把这一伟业留下来,给您去成就英名?"

林肯回答道:"如果他们知道拿起笔需要的仅仅是一点勇气,我想他们一定非常懊丧。"

马维尔还没有来得及继续问问题,林肯的马车就出发了。他为林肯的那句话困惑了很久,直到林肯去世多年后,马维尔终于在林肯致朋友的一封信中找到了答案。

在这封信中,林肯谈到了小时候的一段经历:"我父亲在西雅图有一处农场,上面有许多石头。正因为如此,父亲才得以较低的价格买下它,母亲建议把上面的石头搬走。父亲说如果可以搬走的话,主人就不会卖给我们了,它们是一座座小山头,都与大山连着。有一年,父亲去城里买马,母亲带我们在农场劳动。母亲让我们把这些碍事的东西搬走了。其实它们并不是父亲想象的山头,而是一块块孤零零的石块,只要往下挖一英尺,就可以把它们晃动。"

在信的末尾,林肯说:"有些事情一些人之所以不去做,只是因为他们不敢尝试。"

不要惧怕尝试,尝试并不是一件坏事,只有尝试才能让自己找到合适的路,只有尝试才能让你更清楚地了解自己的目标。

鲁迅非常赞赏世界上第一个吃螃蟹的人,称第一个吃螃蟹的人是勇士。敢于尝试需要一颗勇敢的心,在每一次尝试中,我们能够在无形之中提升自己的能力。如果我们不去尝试,永远让自己跟在别人的后面,那么,我们将永远不会拥有属于自己的未来了。

13、抓住人生的每一次机会 >>>>

2004年,民主党党部决定找一个合适的人为自己党内总统竞选做"基调演讲"。他们提出了这样的条件:年纪较轻,新面孔,在种族背景上最好不是个白人。于是,竞选筹委会的人开始在全国范围内寻找民主党下一代的领导者。奥巴马在伊州初选获胜的消息,被时任克里竞选办公室主任的玛丽·凯西尔从报纸上读到。

玛丽·凯西尔提议人们看看奥巴马合不合适。这事传到了奥巴马竞选团队里,他们知道这是一个绝佳机会,不能放过,奥巴马竞选团队中的艾克·赛罗德便打电话给所有能说得上话的人,向民主党全国代表大会开始了游说。

艾克·赛罗德对筹委们说:"奥巴马虽然只是一个州参议员,但他却刚刚以压倒多数的优势赢得了党内的初选,这首先就是个奇迹。再者,他不是个一般的政客,他是那种能给人带来惊喜,能创造奇迹的政治家。他是最佳的宣扬种族融合、大团结的演讲人……"

正是抓住了这次机会,奥巴马一跃成为政治新星,为2008年的总

第二章
善主动,伸出双手才能抓住奇迹

统竞选铺平了道路。

　　1995年,爱丽丝·帕尔默决定放弃州参议员职位,去参选联邦众议员,她推荐奥巴马来竞选她留下的空缺。得到帕尔默推荐之后,奥巴马拜访了芝加哥市参议员托妮·普瑞克温克并得到了她的支持,之后,他决定抓住这个机会,竞争帕尔默留下的职位。

　　然而,帕尔默竞选联邦众议员并没有成功,她在初选中就失败了。落败后,她找到奥巴马,希望奥巴马放弃竞选,奥巴马知道机会难得,坚定地拒绝了帕尔默的请求:"我早就表示过,一旦参加竞选就绝对不会让步,如果你想要回到原来的位置,就必须面对我的竞争。"

　　随后,帕尔默就此事向竞选委员会投诉,与奥巴马打起了"官司",但竞选委员会判她失败。她不甘落败,匆忙完成了竞选请愿书,加入了州参议员的竞选。然而,奥巴马的团队在阅读帕尔默的请愿书时,找出了其中的违规之处,借此淘汰了帕尔默。

　　最终,奥巴马击败了多位对手,赢得了这次竞选。

　　奥巴马如此年轻就成为美国总统,原因是他把握住了出现在他眼前的每一次机会。在我们每个人的人生道路上,总会出现一次又一次的机会。机遇不是等公共汽车,不是站在那里,它就会来;而是要我们自己主动去发现,去寻找,并认定这就是机遇。有时候,机会往往蕴藏在暗处,不容易被我们发现,有时候,机会来的非常突然。日本著名企业家松下幸之助说:"现在的经营者,必须有发现机遇的眼光,不断创造新的经营方式,来领先时代。"

　　有时,抓住机会需要我们付出很多勇气,当一个机遇出现在未知的领域,而我们确实觉得机会难得,想要抓住它,又要冒很大的风险。这时,我们就应鼓起我们极大的勇气抓住它,不要让已有的生活保障

"拖累"了自己,敢于在做好准备的条件下挑战机遇,有可能取得意想不到的成功。

1994年底,马云首次听说互联网;1995年初,他偶然去美国,首次接触到互联网。对电脑一窍不通的马云,在朋友的帮助和介绍下开始认识互联网。敏感的马云意识到:互联网必将改变世界!随即,不安分的他萌生了一个想法:要做一个网站,把国内的企业资料收集起来放到网上向全世界发布。

此时,刚刚步入而立之年的马云已经是杭州十大杰出青年教师,校长还许诺他外办主任的位置。但是,特立独行的马云挥挥手,放弃了在学校的一切地位、身份和待遇,毅然下海。

此时,互联网对于绝大部分中国人来说还是非常陌生的东西;即使在全球范围内,互联网也刚刚开始发展,无疑,这是一个全新的领域。大洋彼岸,尼葛洛庞帝刚刚写就《数字化生存》、杨致远创建雅虎还不到一年;而在北京,中国科学院教授钱华林刚刚用一根光纤接通美国互联网,收发了第一封电子邮件。

"我请了24个朋友来我家商量。我整整讲了两个小时,他们听得稀里糊涂,我也讲得糊里糊涂。最后说到底怎么样?其中23个人说算了吧,只有一个人说你可以试试看,不行赶紧逃回来。我想了一个晚上,第二天早上决定还是干,哪怕24个人全反对我也要干。"

他选择了抓住机会,他的成功,如今有目共睹。

那些具有过度安稳心理的人常常会失掉一次次获得财富的机会。人生就像流水中的落叶,有的落叶在一个地方打转转,有的落叶则乘着激流往下游奔去。后者比前者更能够看到沿途的风景。

英国女作家乔治·艾略特写道:"生命之河中灿烂辉煌的时刻在身

边匆匆流过,而我们只看到沙砾;天使也曾降临并探访过我们,而他们飞走后我们才恍然大悟。"机遇是有时效性的,机不可失,失不再来,稍有放松就会擦肩而过,抱憾终生。而抓住它,就有可能改变我们的一生。

14、行动力才是最重要的 　　　　　　　　>>>

奥巴马曾说:"我们每个人,在我们的有生之年,必须肩负起帮助子女树立进取的道德观念的责任,要适应竞争力更强的经济环境,要巩固我们的社区并分担一定的压力。让我们行动起来,让我们共同开始这项艰巨使命,让我们改变这个国家。"

他强调行动的意义,而且他自己就是这么做的。2012年11月4日,在美国大选前最后一个适合拉票的星期天,奥巴马使出了浑身解数,奔波于各个"摇摆州"之间,竭尽全力拉拢选民。对于这种一天24小时的不断拉票的活动,法新社评论称:如今就连最擅长竞选集会的奥巴马也显得很累了。在弗吉尼亚州拉票时,奥巴马哑着嗓子对数万名观众说:"我的命运已不掌握在我自己的手中。一切取决于你们,你们拥有最大的力量。"

从来没有一个人能够在幻想中取得成功,要到达成功的彼岸,必须做好扬帆行动的准备。奥巴马不仅作为总统候选人时,表现出了极强的竞选行动能力,作为总统,他还表现出了真正为美国服务的行动能力。他推行了医保政策,击毙了恐怖组织头目本·拉登,成功从伊拉克撤军……

没什么不可以
奥巴马给年轻人的88堂课

2012年10月25日至26日，飓风"桑迪"分别袭击了古巴、多米尼加、巴哈马、海地等地，紧接着，"桑迪"袭击了美国，截止11月3日，美国东海岸因为这场飓风而死亡的人数超过百人。

就在飓风登陆当天，奥巴马取消了佛罗里达州的竞选活动，回到华盛顿指挥救灾。他说："我并不担心它会影响大选，我担心的是风暴会影响民众生活，我担心的是我们最先赶赴现场的援助人员，我担心的是风暴会影响美国经济和交通运输。"

奥巴马于10月29日晚同新泽西州州长克里斯·克里斯蒂、纽约州州长安德鲁·科莫、纽约市市长迈克尔·布隆伯格等人通了电话，以了解详细灾情，随后奥巴马迅速指示联邦政府向进入紧急状态的新泽西州和纽约州提供救援。

为了应对这场风暴，奥巴马一直追踪着最新的灾情状况，以至于整夜未眠。为了充分了解灾情，奥巴马把自己的电话号码给了记者克里斯蒂，30号晚间，奥巴马和克里斯蒂就当地的灾情问题通了三次电话。

克里斯蒂在接受采访时，表现了对奥巴马总统行动力的赞赏："联邦政府对'桑迪'的应对很好。昨晚半夜我再次与总统通话，他已经宣布新泽西州为主要受灾区。总统在这件事上做得很出色。"

在奥巴马竞选连任时，人们更加看重的已经不是他的口才，已经不是他的个人魅力，已经不是他能够向选民许诺的"妙语连珠"，而是他在第一任期内做了什么，他面对突然情况如何应对。他的行动能力证明了他是一个合格的总统。

行动力才是最重要的，阿·安·普罗克特有句名言："梦想一旦被付诸行动，就会变得神圣。"好的想法，其实每个人都会有，但是想法始终只是想法，理论终究也只是理论。如果没有行动，那么一切都是假的，就会成为高谈阔论,变为吹嘘。

行动是成功的第一步,有时候,我们的行动确实并不是正确的、有效的,但即使走错了一步,也能使我们得到一份珍贵的经验。行动起来,本身就是一种收获。

有时候,我们因为恐惧而裹足不前,而行动力是克服恐惧最有力的武器。丘吉尔曾经说过:"你若想尝试一下勇者的滋味,一定要像个真正的勇者一样,豁出全部的力量去行动,这时你的恐惧心理将会为勇猛果敢所取代。"

在林肯之前,很多总统都有废除奴隶制的想法,但都没有勇气去做,他们觉得这件事太难了,是不可能完成的。而林肯则用行动证明了这个目标可以实现。

行动是一个敢于改变自我、拯救自我的标志,是一个人能力的证明。很多人为自己制订了目标,由于懒惰,或者由于其他的原因,行动滞后,结果仍是一事无成。只有行动起来的人,梦想才不会遥远,只有行动才能让人生变得更充实,更富有魅力。

【第三章】

不放弃，命运掌握在自己手里

15、每个人都是不完美的 >>>

奥巴马的第一任期并没有把他许诺的改革贯彻完美，美国还存在很多巨大挑战：陷入僵局的"财政悬崖"谈判；美联储预测今后数年失业率将居高不下；雅典、开罗和大马士革等地局势动荡……

但奥巴马并没有对未来失去信心，当他得知自己成功连任时，脸上隐约显出在他入主白宫、发现这个国家已陷入危机后一直深藏不露的雄心。他说："我们经历了一个非常困难的时期。美国人民对变革的步伐感到失望是有道理的，经济仍在苦苦挣扎。我们选出的这名总统是不完美的，但尽管如此，这就是我们想要的那个人。这是一件好事。"

奥巴马第一个任期内，并没有把很多问题处理妥当，尤其在经济方面，仍存在居高不下的失业率和翻番的债务问题。但是，在选民心里，他是一个比罗姆尼更好的选择。

2011年初，白宫高级助手戴维·西马斯开始了美国历史上规模最大的倾听行动。西马斯和他的团队连续多月、每周两到三个晚上在"摇摆州"的一些租来的房间内秘密召集一些选民(每次8个，男女分开)。西马斯的第一个发现正是奥巴马成功的秘诀。西马斯说："最好的是，人们信任他。"

一组又一组的选民告诉研究人员，他们认为总统是诚实的，个人生活方面令人钦佩，而且在努力做正确之事。奥巴马的诚实体现在他能够把自己的个人经历毫无保留地呈现出来，并以此证明："我和你们(选民)有一样的人生。"而罗姆尼恰恰相反，他的宗教背景和庞大的个人财富都阻止他在选民面前坦率地展露自己，他避谈自己的个人背景，这给人民留下了神秘、难以接近的印象。

西马斯说："18个月来，我听到的都是下面这些话，'我信任他的价值观。我认为他任总统期间面临的局势是50年来最艰难的。我对情况没有根本好转感到失望。'但人们始终说，'我愿意给这个家伙第二个机会。'"

每个人都是不完美的，人们更喜欢诚实的人，在罗姆尼和奥巴马的竞争上面，人们更加倾向于"把选民放在心上的人"，而不是相信一个总是许诺"帮助素不相识的人赚大钱"的人。奥巴马让人们看到了他的诚实，看到了他真正在乎这个国家以及这个国家的选民。

有人说："伟大不是指一个人具有完美的头脑、作出永远不会出错的决策，而是指一个人具有完美的品格，这种品格让他永不言弃，这种品格让他直面挑战，这种品格让他给身边的人也带来极大的信心。"无疑，奥巴马就是这样的人，拿破仑也是这样的人。

当一个人信任那个人的人格或者人品的时候，他就会去支持他。也只有当一个人的人格或人品被信赖的时候，他才能够激发出别人的潜能来，比如，奥巴马为自己的国民所信任，他所提出的政策和发起的运动更容易得到人民的支持和配合。

越来越多的人能够理性地认识到：没有人是完美的。当我们在不苛求别人完美的情况下，也应尽量让自己的人格完善，让自己做到待人真诚，以赢得他人的信赖。

16、别因出身卑微而看轻自己　　　　　　>>>

奥巴马的父亲是一名黑人,母亲是一名白人。在他两岁的时候父母离异,他不得不跟着外祖母和外祖父成长。在夏威夷的时候,私立学校学费昂贵,但奥巴马的外祖父和外祖母希望奥巴马有一个光明的前途,便在经济拮据的情况下把他送到了这所私立学校。

在学校里,奥巴马因为肤色和贫穷受到了同学们异样的眼光,有时候同学们到他家里玩,发现他家的家具简陋,冰箱里也空空如也,便非常明显地显露出对他的奚落和嘲笑。他感到非常自卑,在自卑中,他升上了中学。而即使在中学,他的朋友也仅限于黑人……然而,长大后的奥巴马很快从出身卑微的自卑中走了出来,他接连考上了非常优秀的大学,哥伦比亚大学和哈佛大学,并且在学校里表现出色。

从哈佛法学院毕业以后,奥巴马把几乎所有的精力都投入了唤醒人们民主意识的努力中,让那些出身卑微的人放弃对出身的偏见,参与选举,表达自己的意志。

他从动员公民去做选民登记开始努力,他和他的同事们不停地奔走于家家户户之间,苦口婆心地劝说人们重拾对民主的信心,普及民主的好处和相关法律。

最终,他取得了不错的成绩。1992年,芝加哥的黑人选民登记人数第一次超过了白人,正是由于这些突然大量增加的黑人选民,黑人女政治家卡罗·莫斯利·布劳恩才顺利进入了美国参议院。

没什么不可以
奥巴马给年轻人的88堂课

1993年,他做助理律师,协调各种种族歧视,维护选举权利,让更多的人走出了种族歧视的阴影。

奥巴马不止一次地强调过:"在美国一切皆有可能。"身为非裔的奥巴马不仅没有被政界所排斥,相反,他通过一步步的努力得到了人们的认可。在小布什总统之后,美国人几乎是把所有的希望寄托在这位非裔总统身上。

很多时候,并非是我们的出身为我们贴上了永远不可能成功的标签,而是我们因出身卑微而产生的自卑让自己永远不可能取得成功。不要因为出身卑微而看轻自己,只要努力,任何人都能取得成功。

罗马纳·巴纽埃洛斯是个墨西哥姑娘,16岁就结婚了,婚后生了两个儿子,后来,丈夫离家出走,罗马纳独自一人养活两个孩子,生活过得非常艰辛。但是,她决心谋求一种令她自己及两个儿子感到体面和自豪的生活。

她用一块头巾包起自己的全部财产,跨过里奥兰德河,在得克萨斯州的埃尔帕索安顿下来,开始在一家洗衣店工作。那时候她一天仅赚1美元,但她从没放弃让两个儿子过上受人尊敬的生活的梦想。

于是,口袋里只有7美元的她,带着两个儿子乘公共汽车来到洛杉矶寻求更好的发展机会。她在那里洗碗,找到什么活就做什么,只要能挣到钱就行。

等她存够了400美元的时候,她和她的姨母共同买下一家拥有一台烙饼机及一台烙小玉米饼机的店。不久,经营小玉米饼店铺的她成为全美最大的墨西哥食品批发商,拥有员工300多人。

后来,她还和许多朋友在东洛杉矶创建了"泛美国民银行"。这家银行主要为美籍墨西哥人所居住的社区服务。如今，罗马纳取得伟大成就的故事在东洛杉矶已被传为佳话。

出身卑微从来都不是成功的障碍，很多人喜欢听这些感人的典型美国故事：一个出身卑微的人，不为自身的贫穷、肤色等感到自卑，通过不懈努力和奋斗，最终成为了富豪或著名的政客。奥巴马是这样的人，罗马纳·巴纽埃洛斯是这样的人，在美国有无数这样的人，在世界各地也有无数不甘于卑微出身而奋斗成功的人……

黑人福勒的母亲不肯接受仅够糊口的生活。她时常对自己的儿子说："福勒，我们不应该贫穷。我不愿意听到你说：我们的贫穷是上帝的意愿。我们的贫穷不是由于上帝的缘故，而是因为你的父亲从来就没有产生过出人头地的想法。"

母亲的话在福勒的心灵深处刻下了深深的烙印，以致改变了他的一生。他决定把经商作为生财的一条捷径，最后选定经营肥皂。于是，他挨家挨户出售肥皂达12年之久。当有人与他一起探讨获得财富的成功之道时，他就用他的母亲多年以前所说的那句话回答："我们是贫穷的，但不是因为上帝，而是我们从来没有想到改革。"

出身卑微并不可怕，对于很多草根来说，卑微的出身会带给他们更多的思考，在思考中能沉淀更多的才能和智慧。有上进心的人总能够让命运的不幸有所改变，最后赢得赞美，成为人们眼中的英雄。

17、永远不要放弃自己　　　　　　　　>>>

　　2012年7月14日，美国总统奥巴马在弗吉尼亚州参加竞选活动，发表演讲时突然降雨，奥巴马浑身湿透，但依然没有放弃演讲，面对现场900多名支持者，丝毫不减竞选热情的他激昂地表达自己的观点。

　　在奥巴马的政治之路上，有很多时候，他一天要演讲多次，有时候，他只能利用赶路的时间在车里休息一会儿。不管多么劳累，不管面临着怎样的困难，他都没有放弃过。

　　2000年，奥巴马竞选全国众议员失败。他的信心因此而受挫，他的妻子劝他不要再从政了。那一段时间对他来说确实非常痛苦。政治之路不仅仅让他面临了选举的失败，而且破坏了家庭的和睦。妻子米歇尔对他的怨气越来越难以克制，两人之间经常发生一些争吵。他在《无畏的希望》中写道："当我开始那次注定失败的议员竞选时，米歇尔丝毫不会掩饰自己心里的不满，突然之间，打扫厨房也不再是一件可爱的事情了。"

　　奥巴马接到了来自乔伊斯基金会的邀请。新主顾为他提供了基金会主管的职位，并许诺给他非常丰厚的报酬：年薪100万美元。妻子米歇尔建议他接受这个邀请，这样就能为家庭带来财务上的保证。在去面试的途中，奥巴马感到从未有过的紧张，他有失败的阴影，他害怕面试失败，但同时有另一种害怕，那就是害怕面试成功。他不断地思考：我真的要退出政治了吗？

　　面试中，奥巴马表现得非常引人注目，乔伊斯基金会的董事们确定奥巴马能够胜任这份工作，但他们也看出奥巴马并不想要这份工作。奥巴马也明白了自己绝不会放弃政治！他回到家里，对自己的妻子说："让我再试一次。"

2006年10月的电视访谈节目《会面新闻界》中，奥巴马曾表示自己可能参与2008年的总统大选。随后民意机构将他的名字加入到民主党候选人的民意调查表中，首次的民意调查显示奥巴马获得17%民主党人的支持，希拉里·克林顿获得28%的支持度，面对如此大的落差，奥巴马并没有放弃竞选总统。

很多人称奥巴马是永不言败的政治家，他的政治道路上确实经历过一些诸如此类的失败，但是他善于学习，善于总结教训，善于付出更多的辛苦……永不放弃在奥巴马身上可谓体现得淋漓尽致，然而，他的偶像林肯在这一点上也并不输他。

1832年，林肯失业了，但是他没有气馁，他决心要做一名政治家，当州议员。可糟糕的是，他竞选失败了。

紧接着，他着手创办自己的企业，可是在不到一年的时间里，这家企业又倒闭了。在随后的17年里，他不得不为自己欠下的债务到处奔波。

1835年的时候，林肯订婚了，可是在离结婚还差几个月的时候，未婚妻不幸去世了。这让他的精神饱受打击，为此他卧床数月。1836年，他患上了神经衰弱。1838年的时候，他的身体才有所好转，又开始参加竞选州议会议长，但是天不遂人愿，他还是失败了。1843年，他又参加竞选美国国会议员，仍然没有成功。

1846年，他又一次参加美国国会议员竞选，这一次，他幸运地当选了。两年以后，任期到了，林肯开始谋划连任，因为他觉得自己在议员的位置上一直表现良好，他也相信选民们还会继续支持他。可是，很遗憾,他没能成功。

这一次的竞选让林肯赔上了一大笔的钱,接着又是接连两次的失败。1854年,他又参加竞选议员,结果还是以失败告终;两年后他竞选美国副总统提名,结果被对手击败;又过了两年,他再一次竞选参议员,还是失败了。

但是很林肯一直没有放弃自己的追求,直到1860年,他最终当选为美国总统。

罗曼•罗兰曾经说过:"痛苦像一把犁,它一面犁破了你的心,一面掘开了生命的新起源。然而,唯有永不言弃,永不绝望的人,才能掘开生命的新起源。那些在艰难困苦面前畏缩后退的人,只能成为碌碌无为的人。"失败、挫折、痛苦和劳累等等往往让我们产生放弃的念头,然而,如果我们放弃了,之前的一切努力就都付之东流,如果我们坚持下去,成功其实就在不远处。

永远不要放弃自己,世界冠军邓亚萍常说:"我不比别人聪明,但我能管住自己,一旦设定了目标,绝不轻易放弃,因为我没有输的理由。"聪慧、远见等等确实为成功所必要,但要想成功,不放弃才是基础,因为一旦我们放弃了自己,我们的聪慧和远见都将失去意义。

18、上帝只眷顾自救的人　　　>>>

奥巴马小时候因为打架,被同学用石头在脑袋上砸出了一个包,继父给他买了一副拳击手套,并且教他拳击的要点。继父教导他:"只有强者才有生存的机会,弱者只能任强者宰割。"年纪很小的奥巴马,默默地认可了继父的看法,他知道,在弱肉强食的社会中,必须自救。

继父给他注入的这种观念对他很有帮助,在他后来的竞选道路上,他对这个人生哲理深信不疑。后来,他向美国人民说了一句非常著名的名言,也是这个意思:"我们就是我们一直在等待的救世主。"

2012年10月3日晚,争取连任的奥巴马和罗姆尼在科罗拉多州的丹佛大学展开了美国总统大选的第一场辩论。这场辩论的焦点集中在美国经济、债务及政府管理等方面。在辩论中,罗姆尼攻击奥巴马执政4年来的经济政策。他说:"美国普通民众收入下降,食品价格和油价上涨,政府赤字翻番等很多问题都是由奥巴马政府的错误经济政策造成的。"

接着,罗姆尼重申了他创造就业的"五点计划":发展油气等传统能源产业;加强民众技能培训;签订新的国际贸易协定;削减联邦政府财政赤字;降低税收以刺激工商业发展。

对于这次辩论,电视媒体一边倒地认为罗姆尼取得了胜利。

面对这种情况,奥巴马并没有泄气,而是设法自救,他跟人调侃说:"第一场辩论时,我睡得很香。"到了第二场辩论,奥巴马表现得积极主动,发挥了自己的辩论优势和良好口才。他抓住罗姆尼在辩论中的一些不妥之处,充分表现了自己的睿智。

第二场辩论结束后,路透社的民调结果显示,奥巴马支持率以46%对43%反超罗姆尼。

综观奥巴马的成功之道,每一次危机和挫折,他都是以冷静的姿态面对的,依靠自己的能力分析问题,最终克服了困难。

当不幸降临,我们无路可走的时候,必须依赖自己,靠自己的力量跨过坎坷。世界上没有无法克服的困难,只要我们愿意发挥我们的主观能动性,必定能找出克服苦难的方法。

感动中国人物洪战辉在家庭十分困难的环境下发奋读书,实现了上大学的梦想。在大学读书期间,他把十一二岁的妹妹带在身边,一边读书,一边照料、扶养着妹妹。这种精神使他赢得了全社会的尊重。

易卜生先生说:"世界上最强大的人就是独立的人。"而依赖他人,就像围绕大树生长的藤条,一旦大树不再存在了,依靠它的藤条必定绝望。居里夫人说:"路只有靠自己走,才能越走越宽。"

谭华是一个喜欢拉琴的年轻人,可是他刚到美国时,却不得不到街头靠拉小提琴卖艺来赚钱。事实上,在街头拉琴卖艺跟摆地摊没两样,都必须争个好地盘才会有人潮、才会赚钱;而地段差的地方,当然生意就较差了!很幸运地,谭华和一位黑人琴手一起争到一个最能赚钱的好地盘——一家银行的门口,那里有川流不息的人潮。两个人一起在这里拉琴卖艺,实际上他们只比乞丐的生活好过一点儿。

过了一段时间后,谭华攒了一些卖艺的钱,他便想:要让自己真正赢得尊严,就一定要让自己强大起来,让自己的音乐越来越好。于是,他决定进入音乐学院进修,在音乐学府里拜师学艺,也和琴技高超的同学们互相切磋。他和黑人琴师道了别后,便将全部时间和精神,投入在提升音乐素养和琴艺之中。

在学校里,虽然谭华暂时无法像以前在街头卖艺时那样赚钱了,但他的琴艺不断进步,他产生了更远大的目标,他的未来也更加光明了。

10年后,一个偶然的机遇,谭华再一次路过那家银行,昔日老友——黑人琴手依然在此卖艺乞讨,他仍然在那最赚钱的地盘拉琴,而他的表情也一如往昔,脸上露着得意、满足与陶醉。

当黑人琴手看见谭华突然出现时,很高兴地停下拉琴的手,热情地说道:"兄弟啊,好久没见啦,你现在在哪拉琴?"

谭华回答了一个很有名的音乐厅名字,但黑人琴手反问道:"那家音乐厅的门前也是个好地盘、也很好赚钱吗?"

"还好啦,生意还不错。"谭华没有明说。

有的人遇到困难和挫折时,会积极想办法努力进行自救,有的人却只把生还的希望寄托在别人的救助上,最终错失自救的良机。对待苦难和挫折的态度不同,最后的结局也必然不同。

没有人会怜惜一个连自己都不爱惜的人,上帝也是一样,他只眷顾那些勇于自救的人。在不幸面前,坚强面对和努力改变才是我们应该做的,就像奥巴马号召美国国民改变国家一样:"每个人的参与是我们改变未来的唯一方式,没有服务和牺牲的精神,就不可能发生改变。"

19、对未来充满希望 >>>

2008年,奥巴马在胜选演讲中讲到:"让我们的人民重新就业,为我们的后代敞开机会之门,恢复繁荣,推进和平,重新确立'美国梦',再次证明这样一个基本的真理:我们是一家人,只要一息尚存,我们就有希望。"很多人评论他能够顺利当选的原因之一是,他给了人们希望,让人们在金融危机的阴霾中看见了光明。

奥巴马深入群众,了解平民的心声,了解许许多多普通人的梦想,那也正是他自己的梦想。在总统竞选过程中,奥巴马直言不讳地谈到

没什么不可以
奥巴马给年轻人的88堂课

这些让选民关心的问题,谈起了基本的梦想,并对妥善解决这些问题表达了他的信心和希望:

"我会是这样一位总统:让每一个人都看得上病,都看得起病。在伊利诺伊州,通过民主党人和共和党人携手合作,这一目标就能够实现。

"我会是这样一位总统:终止所有把我们的就业机会输送到海外的公司的税收优惠政策,并给美国最值得享受减税的中产阶级减免所得税。

"我会是这样一位总统:我要结束伊拉克战争,并让我们的军人快点回家;我要重塑我们的道德地位;我知道9·11事件不是哄骗选票的借口,而是使得美国和世界联合起来应对21世纪世界各国面临的共同威胁——恐怖主义和核扩散,全球变暖和贫困,种族屠杀和疾病……"

在竞选过程中,他把这些希望传递给了选民,有人甚至拿他和领导二战的罗斯福总统相提并论,因为他不仅仅提出了政策,而且让人们心中也拥有了对于希望的热情。他满怀激情地演讲感染了美国人民:"是因为希望的存在,奴隶们围在火堆边,才会吟唱自由之歌;是因为希望的存在,才使得人们愿意远涉重洋,移民他乡;是因为希望的存在,出身工人家庭的孩子才会敢于挑战自己的命运;是因为希望的存在,我这个名字怪怪的瘦小子才相信美国这片热土上也有自己的容身之地。"

一个人,心里有什么样的希望,就会拥有什么样的人生。当一个人乐观地面对每个困难时,才能充分发挥自己的潜能,他的人生才会有夺目的闪光点。在《风雨哈佛路》一书中,莉丝说:"我为什么要觉得可怜,这就是我的生活。我甚至要感谢它,它让我在任何情况下都必须往前走。我没有退路,我只能怀揣着希望,不停地努力向前走。"人生路上的坎坷,似乎谁也不喜欢,但是只要对未来充满希望,总有一天,我们会看见阳光照进生活。

爱默生说:"如果你想要成功,当以恒心为良友,以经验为参谋,以当心为兄弟,以希望为哨兵。"无论你是否看得清未来,无论你的前途是否仍处于暗淡之中,只要希望之火不灭,你就一定会凭着它找到出口,就像莎士比亚所说的那样:"黑夜无论怎样悠长,白昼总会到来。"

有一艘船在大海中航行的时候突然遇到了风暴,全船人员死伤无数,船也沉没了。一个年轻人侥幸地获得一艘小小的救生艇而幸免于难,但是他除了救生艇之外一无所有,连他的眼镜也在慌忙中遗失了。

天渐渐黑了下来,饥饿、寒冷和恐惧一起袭上心头,年轻人无助地望着天边,忽然,他看到一片片阑珊的灯光,心想那里一定是一座城市或者港口,年轻人的胸中顿时燃起了生存的希望。他奋力地划着小船,向那片灯光前进。然而,那片灯光似乎很远,直到天亮的时候,年轻人也没有到达那片发出光亮的地方。

然而年轻人并没有放弃,而是继续向前划着。到第三天的时候,饥饿、干渴、疲惫更加严重地折磨着他,好多次他都觉得自己快要崩溃了,但一想到远处的那片灯光,就又陡然添了许多力量。到了第四天晚上,年轻人终于支持不住昏迷了过去,但在他的脑海中依然闪现着那片灯光。

幸运的是,就在这天晚上,年轻人被一艘经过的船只发现并救了上来。当他醒过来后,大家才知道,这个年轻人居然不吃不喝地在海上漂泊了四天四夜。大家问他是怎么坚持下来的,年轻人指着远方那片隐约的灯光说:"就是那片灯光给我带来了生存的希望。"

大家顺着年轻人手指的方向望去,哪里有什么灯光啊,有的只不过是天边闪烁的星星而已!

普希金说过："灾难的忠实姐妹——希望,她会唤起你们的勇气和欢乐。"生活中我们可能都有过这样体会:当我们充满期望地做一件事情时,我们整个身心都会感受到放松、舒服,浑身充满了力量,这种希望给我们带来的不仅仅是一种好情绪,更能间接给予我们能量,加强我们的行动力,使我们的生活变得更加美好,更加积极向上。

没有生命曙光的人,就像迷失在森林深处的孤独旅行者,找不到出口,只能在茂密的丛林中徘徊。反之,无论是处于贫穷中,还是饱受疾病的磨难,还是充满了人生坎坷和其他磨难,只要充满希望,积极向上地奋斗,就能赢得未来。

20、过去不等于未来 >>>

奥巴马赢得连任时,再一次强调了国家的过去不等于未来:"尽管我们经历了这么多的困难,尽管我们经历了这么多的挫折,但我对未来格外充满信心,我对美国格外充满信心,我希望大家延续这种希望。我这里讲的并不是盲目的乐观,而是我们对未来的挑战。"

一个国家的过去不等于未来,一个人的过去同样不等于未来。过去的日子,可能黯淡无光,可能虚度了年华,可能没有人注意,也可能充满了挫折和失败……但这并不说明未来也是这样。驻足当下,谁志存高远,敢于守望未来,谁就是未来的王者。乔布斯是一个弃儿,跟随了继父的姓氏,大学都没有上完,但他后来改变了自己的人生,也改变了社会。

真正能代表一个人一生的,是他现在和将来的所作所为,而一个

第三章
不放弃，命运掌握在自己手里

人过去犯错并不代表将来也犯错，只要从过去的阴影里走出来，从现在开始，努力做自己最想做的，我们都能够成为了不起的优秀人才。英国著名首相丘吉尔曾经两次被赶出办公室，每天要睡到中午才起床，并且每晚都要喝大约1公升的白兰地，而且有过吸食鸦片的记录；美国著名总统罗斯福曾经笃信巫医，有过多年的吸烟史，而且嗜酒如命……

1920年，美国田纳西州的一个小镇上，有个小姑娘出生了。由于她是个私生子，人们非常歧视她，并且，这种歧视一直伴随着她的成长。直到她13岁的时候，镇子上来了一个牧师。

有一回，她来到教堂，牧师正在做演讲，牧师的演讲深深地感染着她，因此，她养成了来教堂听牧师演讲的习惯。有一次，牧师把她留在了教堂，温和地问她："你是谁家的孩子？"

这个问题刺伤了她，因为她是个私生子，难以启齿。人们听到牧师的问题后，纷纷停了下来，等待着眼前的这个孩子和牧师的对话。

这个时候，牧师脸上浮起慈祥的笑容，说："噢——知道了，我知道你是谁家的孩子了——是上帝的孩子，这里所有的人和你一样，都是上帝的孩子！可能你有一段悲伤的过去，但过去不等于未来。无论你过去怎么不幸，这都不重要，重要的是你对未来必须充满希望。孩子，人生最重要的不是你从哪里来，而是你要到哪里去。只要你对未来充满希望，你现在就会充满力量。"

顿时，教堂里爆发出热烈的掌声。那掌声是对她的理解，她的眼泪瞬间掉落了下来。从此之后，她改变了，40岁那年，她荣任田纳西州州长，之后，她弃政从商，成为全球赫赫有名的成功人士。67岁时，她出版了自己的回忆录《攀越巅峰》……

很多人或许会因为自己的过去而觉得不可救药，其实过去并没有我们想象的那么重要。如果我们的目标是拥有一份良好的工作,那么,判断我们能否得到这份工作的并不是过去的经历,而是现在的能力;如果我们的目标是拥有巨额的财富,那么,让我们能够取得成功的也并不是现在财富的积累,而是一步一步的计划和对于计划的实践能力。

有的人赢得优秀荣誉,有的人享受充足财富,有的人虚度大好时光……只有正确解读人生的真谛,不为过去所累,未来才能充满光明。

21、成功不只属于天才　　　　　>>>

在这个世界上,确实有一些人,他们拥有过人的天资,不需要比别人付出更多的汗水和努力就能取得成功,他们花一个小时就能想出来的事情,别人却有可能要花一天的时间,这样的人被称为天才,他们能够比别人更容易取得成功和荣耀,让人好不羡慕。

然而,成功并不只属于天才。有很多所谓的天才因为过于相信自己的先天条件而放弃后天的努力,最终却走向失败。而很多人尽管不是天才,没有过人的天赋,却通过后天的勤奋和努力赢得了更多的认可。爱迪生小时候并不聪明,通过自身的奋斗,取得了举世瞩目的成就,竟然被人称为了"天才",因此才有了这句话:"天才是百分之九十九的汗水加上百分之一的灵感。"

在奥巴马的成长道路上,几乎没有人称他为"天才",也很少有人说他聪明。但他的勤奋和努力是有目共睹的。当他在印尼上学的时候,家庭没有办法给他更好的教育,他的母亲每天凌晨4点起来亲自教导他学习英语。

当他进入哥伦比亚大学的时候,他逐渐把目光和注意力集中到了教室,发现很多同学和教授的思想都非常深刻,他开始以更加广阔的眼光去审视世界。虽然他在知识方面有了长足的进步,但是他在学业上的表现并不突出。

他曾经还走过很多的弯路,曾经迷茫于自己的人生道路。他甚至一度没有上大学的目标,母亲问他为什么不想上大学时,他回答说:"我想在夏威夷找份工作,然后找个社区学院修一两个专业,半工半读吧,然后再看下一步怎么走。"

很明显,他不是一个天才。但这并不代表他不是一个聪明人。他没有天才的政治智慧,但是当他重新找回自己的理想的时候,他开始了一步一步安排自己的未来,并且知道如何完成自己的目标:通过勤奋,通过积累自己的社会经验,通过网罗自己的人脉……

在清楚地明白这一切的基础上,他运用了自己完美的执行能力,把这一切都认真踏实地贯彻下去,并最终取得了成功。

当奥巴马竞选总统成功之后,他说得最多的不是鼓吹天才的言辞,而是如何踏实工作,如何努力……他说:"无论你来自哪里,长相如何,只要你努力工作,履行义务,你就能获得成功!"我们可以羡慕天才,却不可以因为自己不是天才而放弃努力,因为通过我们自身的智慧和汗水,也同样可以取得成功。

电影《阿甘正传》讲述了一个有点儿痴呆的年轻人阿甘的奋斗故事,他从小腿脚不便,不能走路,在母亲的鼓励之下,他竟然可以飞跑。他一直听从母亲的教诲,踏踏实实地走自己脚下的道路,赢得了国会勋章,受到了总统的接见,并且成为了千万富豪……

俞敏洪不是个聪明的学生,他高考三次才考上大学。就在准备第三年考大学的时候,俞敏洪的笔记本上出现了这句著名格言:"在绝望中寻找希望,人生终将辉煌。"这次俞敏洪考上了北大。

在北大上学期间,他学习非常刻苦勤奋,但是成绩依然是全班倒数。后来,他还得了肺结核。毕业后,他在北大教书,什么成就也没有,接着联系美国学校,由于他成绩并不突出,三年半都没有一个美国大学给俞敏洪奖学金。

为了应对生活的压力,他在学校外面办起了英语培训班,并且通过自己的努力,他背完了英语字典。后来,他因为办英语培训班的事情而离开北大。这时俞敏洪突然发现人生带了点走投无路的感觉。俞敏洪觉得老天对他是如此的不公平,他认为自己很不错,为什么让他受如此之多的苦难和绝望?

但正是这些折磨使俞敏洪找到了新的机会,并且开始了创业的奋斗:办英语培训班。开始的时候,他到处去贴小广告,做培训班的宣传……

尽管留学失败,俞敏洪却对出国考试和出国流程了如指掌。正是这些,帮助他抓住了个人生命中最大的一次机会:创办了北京新东方学校。

只要我们努力奋斗,都可以取得成功,成功是多方因素造成的,不同领域的成功需要不同的构成因素。在科学上,或许需要聪明的头脑,然而最需要的也是知识的积累,就像牛顿说的:"站在巨人的肩膀上。"在政治上,最需要的可能是人脉和为人随和;在文学上,最需要的可能是对于生活的积累和感触……总之,要想获得成功,你不必非要是个天才。

永远不要为自己没有一个天才的头脑而感到不公,越是觉得自己不聪明,觉得自己没有天分的时候,越是应该勤奋努力,因为成功不会挑挑拣拣,只要功夫做到,它就会如约而至,就好像水烧到了100度就必然会沸腾一样,我们不是天才,但可以细火慢烧,水迟早会烧开。

22、学会经营你的优势　　　>>>

2003年,奥巴马主动找到了琼斯,问他:"你现在是参议员主席了,手里掌握大权?"琼斯慢吞吞地反问:"你以为我现在有很大的权力吗?"奥巴马点点头,说道:"是的,你有很大权力,你有造就美国参议员的权力。"琼斯把身体微微前倾,发出一阵大笑,然后说:"我的权力该栽培谁?"奥巴马简单有力地说:"我。"

琼斯是奥巴马早就为自己铺好的人脉关系网络,善于利用手里的资源是奥巴马的优点之一。当然,拥有广泛的人脉也是他的优势之一。早在1988年,琼斯就已经为奥巴马出谋划策了。于是,琼斯爽快地对他说:"让我们一起努力。"

为了让奥巴马获得黑人的认可,琼斯对奥巴马提出的一系列涉及黑人要求的法案表示了支持,比如死刑改革、在审讯凶案嫌疑人时进行录像等,这些法案最终都获得了通过。琼斯还给奥巴马提出了符合他的肤色和学历背景的竞选主题,让他在自己的优势上得以充分发挥,以赢得相应的选票。

奥巴马利用自己的人脉,琼斯利用自己的影响力,逐渐使得奥巴马拉起了一支庞大的黑人队伍,这个队伍的成员包含了教师、政府雇员、工薪阶层等,他们都成为了奥巴马的坚定拥护者。

在筹款问题上,他也充分发挥了自己的各种优势。他利用自己的人脉关系,拉拢了一些富商。奥巴马见到潘妮·普利茨克后,充分展现了自己的口才,说服了她为自己赞助,并通过她打进了芝加哥企业家、银行家和慈善家的高级人脉圈。

他的筹款每一次都离不开普通选民的捐助,这一次当然也不例外,他利用自己的"草根"身份,赢得了很多普通选民的捐助。

在充分发挥了自己的优势后,他成功当选了参议员。

有人说:"人才和庸才的区别在于,前者充分发挥优势,后者在不断弥补短板。"奥巴马通过和底层人民的接触和交流得到了认可,利用自己的肤色,赢得了几乎所有黑人的支持;他善于演讲,不断地做巡回演讲,向群众展现自己的人格魅力,打动了千千万万的人,让他们成为了自己的支持者。

每个人都有自己的优点和劣势,如果一个人在自己的劣势上死磕,那永远也不会有什么进展,不如在自己的优势上下工夫,充分把自己的优势发挥出来,才能达到事半功倍的效果。那些IT界的精英们,无疑都是众多人眼中的成功者,但如果他们只是不停地弥补自己的不足,而不是将个人优势最大化,就不会有成就,比如比尔·盖茨是技术性管理型人才,他专注管理和技术;乔布斯是推销型和创意型人才,他充分调查市场和打开市场……

泰格·伍兹孩童时期就表现出了非凡的高尔夫天赋,他3岁时就击出了9洞48杆的成绩,5岁时,他登上了《高尔夫文摘》杂志,到18岁时就成为了最年轻的美国业余比赛冠军。1999年末,他的排名就已上升为

第三章
不放弃,命运掌握在自己手里

世界第一。2005年高尔夫球王尼克劳斯泪别英国公开赛宣布退役之后,伍兹更是成了当今世界高尔夫球界无可争辩的王者。

多年来,泰格·伍兹在高尔夫球场上叱咤风云,集世界体坛首富、高尔夫球世界头号球星于一身。可是,他在沙地上的表现并不是太好。他和他的教练却并没有花太大的力气提高他在沙地上打球的技能,而是采取了相反的策略。在练习时,泰格·伍兹和他的教练只花了一点儿时间在这一弱项上,让他在沙地上的成绩提高到一般的水平后,就适可而止了。他们的想法是:只要不拖太多后腿就好。这样,他们把其他所有的练习时间全部投入到伍兹的拿手好戏上,他的优势便更加凸显了出来。

盖洛普公司曾经对全球63个国家的170万名工作者展开过一项调查,询问这些工作者:"在每天的工作中,你是否有机会做你最擅长的事?"结果只有20%的人回答有,而且当员工待在公司的时间越长、职位越高,回答有的比例就越低。

在确立自己的目标时,我们应当结合自身的实际情况,以自己最有优势、最可能获得成功的方向为目标。否则,一旦选择错误,即使比他人花费更多的气力,比他人忙上许多,也可能无法达成目标。人之所以成功,不是因为他改正了每一个缺点,而是因为他最大限度地发挥了自己的优点。人生成功的诀窍就是善于经营自己的长处。

肯实干，伟大不是凭空想出来的

23、脚踏实地,美国总统也从基层做起　　　　　>>>>

奥巴马正式迈入政坛,是从竞选州参议员开始的。在参选过程中,奥巴马知道,一人一票的选举机制要从政者深入基层才能有所成就。他是个脚踏实地的人,他带着自己的竞选团队深入基层,开始了艰苦的演讲和游说工作,他的足迹几乎遍及了选区的每一寸土地,他自己也越来越像一个公众演说家。

2000年开始,奥巴马几乎遍访了社区内的各个黑人教堂,积极地参与他们的活动。他非常珍惜每个星期在黑人教堂发言的机会,在这里,他了解了社情民意……他的成功宝典之一是“从基层做起”,他倾听几乎所有人的意见,无论黑人还是白人,无论中产阶级还是下层平民,他都主动接触,把他们的意见记在心头,为他们的利益奔走呼号。也正因此,他才获得了“草根”总统的称号。

从1997年到2004年的8年里,奥巴马提出了一系列法案,其中有十多个获得了通过,并且,这些法案之中的大多数都是同共和党合作完成的。而完成法案的根本原因是奥巴马不辞劳苦地在基层和共和党民主党之间奔波游说。

《芝加哥论坛报》的社论作者科纳莱拉·格鲁曼在奥巴马针对死刑改革的评论文章里曾这么说过:“他接手时,很多人都认为这是不可能完成的任务。事实上,很多人都对此问题避之不及,但是他坚持了下来,连续几个月在警察兄弟会、州律师协会和改革者之间奔波游说,凭着自己的游说技巧和基层工作热情把一个所有人都避之不谈的问题变成了真正的法案。"

奥巴马以自己出色的成绩告诉了人们：在一个看似不起眼的地方，很多人都以为无可作为的地方，也能大有成就。只要足够努力，也能把自己变成有影响力的人。在基层工作的过程中，他不仅工作出色，而且结交了越来越多的朋友，自己的政治帝国也一步一步地建立了起来。

奥巴马年轻的时候先在社区服务，每项工作都做得兢兢业业。他有一飞冲天的野心，但野心并没有让他好高骛远，他用年轻作为资本，从最基础的地方做起，一点一滴地积累，才逐步取得了成功。每一个伟大的人物都有非凡的梦想，也正是因为这个目标存在，他们的人生才与众不同，但是我们不能只看到他们光鲜的一面，还应该看到他们为实现理想而付出的汗水。

不少人处在基层做基础工作，心态往往会有一些不平衡，觉得屈才，然而，只有做好基础工作，也才能够得到别人的信任。成功也就是这么一点一滴地积累起来的。只有一步一个脚印，脚踏实地地从基础做起，才能取得最后的成功。

很多人志向高远，但只有脚踏实地地从小事做起，在工作中注重每一个细节，才能养成做大事所需的那种严密周到的作风。不重视工作中的细节，没有做小事成功的经历，便很难获得做大事的机会。即使有了做大事的机会，没有做小事的经验，也未必知道从何处着手，因为做事的技巧和方法，都是在平时做小事的时候培养和建立的。

天津有一家贸易公司的女职员专门负责为客商购买车票，她常给德国一家大公司的商务经理购买往返的火车票。

不久，这位经理发现了一件趣事：每次去天津时，他的座位总是在列车右边的窗口；返回北京时又总是靠左边的窗口。经理问女职员其中缘故，女职员笑答："车来天津时，风景区在您右边，返回时，风景区出现在您左边。我想，外国人都喜欢中国的壮丽景色，所以我替你买了不同位置的车票。"

就是这件不起眼的小事，使这位德国经理深受感动，促使他把对这家公司的贸易额由100万马克提高到600万马克。他认为，在这样一个微不足道的小事上，这家公司的职员都能够想得这么周到，那么，跟他们做生意还有什么不放心的呢？

后来公司知道这件事后，便给这个员工升了职。

日常生活和工作中，很多人都想做大事，都想追求成功，而不愿意或不屑于做小事，认为小事过于琐碎、单调，又没有成就感。不少人因此对自己的工作没有了激情，甚至牢骚满腹、抱怨不断。但同样的工作，同样的环境，用心做的人就能够不断升职、加薪，成为骨干，甚至取得更大成就。

比尔·盖茨说过："每一天，都要尽心尽力地工作，每一件小事情，都力争高效地完成，不是为了看到老板的笑脸，而是为了自身的不断进步。"通用公司前CEO杰克·韦尔奇也说："一件简单的小事情，反映出来的是一个人的责任心。工作中的一些细节，唯有那些心中装着大责任的人才能够发现、做好。"基层的工作同样重要，如果我们能把基础工作当成锻炼的机会，主动把握，那么，用不了多久，我们就会发现，得益的是我们自己。

"天下难事，必做于易，天下大事，必做于细。"重视基础工作，做好每一件小事，成功就在不远处。

24、世上没有绝对公平，你必须学会适应 　　>>>

有些人出生就含着金汤匙，或生在官宦之家，或生于显贵之室，而有的人一出生就要面临贫穷，承担贫困带来的痛苦。有些人在人生的道路上会遇到很多突如其来的灾难，比如残疾、车祸等事故，而有些人相对就会顺利一些……

我们无法控制这些先天或者命运的东西，如果我们一味纠结于此，那么结果只有一个，就是在抱怨中消沉下去……想要我们的生活转好，唯一要做的就是适应它，并改变它。

奥巴马在印尼的时候，曾经通过一份杂志看到过这样一个故事：一个黑人青年因为肤色种族问题备受白人的排挤，于是他想用化学药剂将自己的皮肤漂白。结果他不仅没有成功地漂白皮肤，反而毁了容。

这个故事让当时年幼的奥巴马心里一震，一股莫名的酸楚涌上他的心头。后来到了夏威夷，由于备受冷落，他几乎走上了极端。

直到他读过了更多的书，接触了更多的人之后，这种极端的想法才逐渐被改变。他慢慢地学会了适应这个社会，他明白了总是抱怨不公不能改变自己的生活，反而会让自己越陷越深。他知道自己无法改变自己的肤色，但他也并不逃避这个事实，他从来都没有用自己是个混血儿来企图把自己与黑人划开界限。

他用自信的姿态与周围的人打交道，改变了之前不想上大学的想法。来到大学之后，他通过自己的努力，得到了同学和教授的喜爱和信任。

第四章
肯实干,伟大不是凭空想出来的

世上没有绝对公平的事情,我们每个人的起点可能不同,但是终点却有可能完全一样。甚至,经历过更多痛苦的人会走得更高更远。2012年的总统竞选上,奥巴马是个黑白混血儿,罗姆尼却出身于显赫家庭;奥巴马家庭贫困,在2006年之前,甚至还身负债务,罗姆尼却身家过亿……很明显,奥巴马品尝过更多的人生酸涩,也正因此,他才能对最底层的人民感同身受,并以此取得了人民的信任。

奥巴马确实因为出身受到过轻视,可是他在奋斗的过程中从来没有深陷于抱怨不公之中,相反,他把这种轻视转化成了奋斗的动力,用这种不公的境遇拉近了和底层选民的距离。他要改变的就是美国的症结,让每一个美国人都能得到相同的待遇,不管是白人,还是黑人。

在高中快毕业时,在和教师举行的一场橄榄球赛中,布朗不幸被踢中头部,左眼视网膜脱落。他在医院待了几个月,接受了3次眼部手术,受尽煎熬,最终不得不接受左眼失明的事实。

布朗心灰意冷,他觉得上帝对自己非常不公。那段时间,他躲在屋子里不出门,讨厌陌生人的蔑视,更憎恶亲朋的同情。

一天,他的哥哥约翰回到家,塞给他一把手枪和6发子弹。布朗抚摸着手枪,问:这是一把真枪?哥哥说:当然了!我们到户外进行实弹射击,玩个痛快!

来到屋后的小山冈,他们将目标定于20米开外的一棵橄榄树。约翰率先举枪,他连开3枪都没有命中目标,只好把枪交给布朗。布朗的前两发子弹都射偏了,有些沮丧。约翰在一旁鼓励:"别放弃,你还有一次机会!"这一次,布朗屏气凝神,果然击中了树干。

约翰欢呼着抱住弟弟,兴奋地说:"你比我有优势,因为上帝替你蒙上了左眼,你可以心无旁骛,专心瞄准目标!"

一瞬间,布朗感觉浑身重新充满力量。第二天,他又回到了学校学习。就这样,他的人生又步入了正轨。

抱怨不公或许可以为自己的无所作为找到借口,但最终却不会做出什么成绩来。1985年,霍金做了一次穿气管手术,从此完全失去了说话的能力。他就是在这样的情况下,极其艰难地写出了著名的《时间简史》;海伦·凯勒天生失明,却并不抱怨生活,写出了追求光明和幸福的《假如给我三天光明》……

我们要树立正确的心态,理性对待生活中的不公平,将这种不公转化成前进的动力,才有可能从内心深处爆发出无限的潜力,让自己更有勇气去寻找属于自己的成功。

25、只有真正的实干家,才能实现自我价值 >>>

2008年奥巴马竞选时,他的一位高级顾问说过:"他是个实干家,他眼下要做的就是试图落实一些实际措施来解决问题,并带领美国经济和金融市场走出困境。"

奥巴马早在黑人社区里工作的时候,就发现了这样一个问题:"在有心无力的时候,很多人只是吹吹口号过过瘾,说一些不痛不痒的话让自己和他人心里舒服一点,晚上睡得香一点,但这样于现实毫无意义。"这个时候,他就已经悟出了一个道理:只有实干才能让自己的生命更有价值。

第四章
肯实干，伟大不是凭空想出来的

在奥巴马担任伊利诺伊州参议员期间，他就通过自己的能力为伊利诺伊州做了很多实事：

他贯彻执行了1996年颁布的联邦福利改革政策。之后，他又提出了一个议案：要求州政府与研究机构分享社会福利项目的有关数据。最终这个提案获得了通过并被写进了州宪法中。

再后来，奥巴马提议把医疗福利作为一项基本民权写入伊利诺伊州的州宪法，这一提案最终未获通过，但通过与共和党人的谈判，参议员决定以修正案的方式在共和党人的减税法案中加入了对低收入家庭进行救助的条款。

2004年，奥巴马提出了一项实施全民医疗保险制度的方案，这一方案为后来伊利诺伊州推动医疗改革铺平了道路。

在推动死刑改革方面，奥巴马尤其表现出了他的实干能力与协调能力。当时，一方要抵制死刑的左派要求废除死刑，另一方支持死刑的右派拒绝废除死刑。而大量的事实表明，误判的案件是普遍存在的，奥巴马于是提出了一个特殊方案：对案件审讯进行全程录像以避免警方的严刑逼供。他对双方人员游说："无辜者不应该被投入死牢，以身试法的人不能逍遥法外。"最终，他的提案以压倒性优势获得了通过。

很多人知道奥巴马的演讲口才和个人魅力，但奥巴马的实干才能才是他获得成功的根本原因。他从还是一名社区工作者的时候，逐步确立了实现自身价值的梦想，他从政的目的其实就是想用实干来为人民做些贡献。他是这么说服自己的妻子同意他走上政治道路的："我们有能力为自己创造舒适的生活，我们受过良好的教育，有丰富的资源，可是只要你环顾四周就会发现，虽然我们在城市里长大，可我们大部分家人却没有这么好的机遇。有的孩子能够上普林斯顿，有的孩子却根本没有念书的机会……"

只有实干才能实现更高价值，我们不难发现，很多成绩优秀并且受人尊敬的人，并不是因为他们的眼光、知识、观念比别人更加出类拔萃，也并不是因为他们的目标和梦想比别人更加高远，只是因为他们具有实干精神，他们依靠自己的实际行动赢得了一切。

富士康能够发展成如此大的帝国企业，和郭台铭的个人努力是分不开的。他是一个非常务实的人，按照他自己的话说："我是第一个上班，最后一个下班的人。"

1973年，郭台铭决定要创业了，于是出资10万元新台币和朋友在台北创立了鸿海塑料企业有限公司。然而，他从未预料的事情发生了，就在创办鸿海的一年之后，股东们不愿再干了，纷纷退股，企业成了郭台铭的全资公司。郭台铭知道，在这个世界上，有太多事不可预知，别人放弃了，但他还要继续努力。

他的人生哲学是在实干中寻找机会。黑白电视机从台湾地区兴起无疑为他创造了一个机会。郭台铭从此便开始制造黑白电视机选台的按钮。这时的鸿海不过是个规模只有30万元新台币的小公司，仅有15名员工。1975年，易名为鸿海工业有限公司。1977年，公司终于开始扭亏为盈，郭台铭立即从日本购买设备建立模具厂，为日后发展奠定了基础。

其后，郭台铭又陆续投资建立了电镀部门与冲压厂。20世界80年代，世界进入了个人电脑时代。郭台铭靠所掌握的成熟模具技术，以连接器、机壳等产品为重心，力行"量大、低价"的竞争策略，迅速占领了市场……

当别人还在考虑能不能行、可不可以的时候，他已经以坚定的实干精神把别人远远地甩在了后面。

有人说:"你闲着的时候,不要庆幸,因为你是一个没用的人,你正在做事的时候,不要抱怨,因为你是一个有用的人。"实干家清楚,梦想从脚下开始,必须为之行动起来,并全力以赴地去实践,如此,才有可能获得成功。美国著名动作影星史泰龙梦想当一名演员,他没有单纯地等待,而是让自己行动起来:锻炼身体,而后去电影公司自荐,前后自荐了多次,最终赢得了机会。

宁要有缺点、有毛病的实干家,不要只会纸上谈兵的理论家。干工作就可能会出问题,有时候干得越多,问题就可能越多,这是自然规律,不干活的人永远不会有问题。如果我们希望自己更优秀,必须具备积极的实干精神,不断开拓新的途径。

26、伟大没有捷径,需要辛劳的付出 >>>>

2008年10月28日,奥巴马和麦凯恩征战宾夕法尼亚州,在大雨中,奥巴马的户外演讲吸引了8000多人参加。8000多名宾夕法尼亚州民众冒着大雨,踏着稀泥,打着雨伞、穿着雨衣,在切斯特城等候奥巴马的到来。奥巴马穿着雨衣和牛仔裤出现在讲台上,他激动地说道:"太不可思议了,如果在大选的当天我们看到如此情景,我们一定可以改变美国!"

2012年7月14日,奥巴马在弗吉尼亚州的一个小镇上发表演讲,突然遭遇了暴雨,但演讲并没有暂停,他继续向900多名听众表达自己的政见。整个过程中,没有人为他打伞,他也没有去找雨衣。演讲之后,他和同样跟他淋雨的民众开玩笑说:"很抱歉大雨弄乱了女士们的头发,讲完了,看来我们都该进理发店。"

有付出才会有收获,奥巴马的每一次冒雨演讲都让他赢得了赞美。很多人可能觉得,伟人的生活一定富足,他们一定没有普通百姓面临的辛劳和生活问题,然而,伟大从没有捷径,需要付出更多的辛劳和汗水。4年之后的奥巴马和4年之前很明显的不同是,他的头上多了很多白发,有人说:"4年里,奥巴马老了8岁。"

奥巴马本来可以过更好的生活,但是他选择了辛劳:

刚刚从哥伦比亚大学毕业时,很多人要从事研究所的工作,而他却选择了社区工作,他要做"黑人同胞的守护者"。

奥巴马成为哈佛总编后,赢得了广阔的上升空间,很多大的律师事务所都以高薪聘请,他丝毫不受诱惑,决意回到芝加哥走自己已经定好的人生之路。

当妻子不同意他参与政治的时候,奥巴马说服了妻子,让妻子都如此支持他:"我们有这个义务,接受良好教育的意义也在于此,我们理应为他人做一些牺牲,包括放弃追求更高的薪水和报酬。"

奥巴马在成为总统之前,他妻子的薪水比他高一倍多,但是,他本来有能力赚比妻子高几倍的薪水——乔伊斯基金会曾经邀请他去做基金会主管,许诺给他100万美元的年薪,但他拒绝了……

他的学历和能力本来可以让他在非常年轻的时候就成为百万富翁,但是他为了心中的梦想,付出了比旁人更多的努力和辛劳。每一个人想要得到心目中的成就,就要付出相应的努力。没有付出,那所有的一切都是空谈,都是痴人做梦。

20世纪最伟大的科学家爱因斯坦说过:"评价一个人的价值,应该看他贡献什么,而不应当看他取得什么。"一个人的价值不在于他有多

第四章
肯实干,伟大不是凭空想出来的

少财产,而在于他为社会、为他人做出多少贡献。伟大就是贡献,而伟大的代价更大,需要付出更多的努力。很多成功的人被问到成功的秘诀时,都会谈到"不过是多努力一点,多付出一点"。

爱尔兰有一位作家克里斯蒂·布朗。他很不幸,一出生就患有严重的瘫痪症;到5岁时还不能走路,不会说话,身体和四肢都不能动弹。父母为他四处求医,但都无济于事。

在绝望之中的母亲,一天忽然看见小布朗伸出左脚趾夹着粉笔在地上划。母亲十分高兴,就开始教他用左脚趾写字,同时还让布朗读了许多文艺作品。后来,布朗又学会了用左脚打字、画画,并开始写诗作文。当然他在写作时付出了常人难以想象的代价,克服了常人难以想象的困难。他写作时,坐在一张高椅上,把打字机放在地上,用左脚翻纸、打字。但就在这种情况下,他仍给自己定了一个目标——成为一名作家。

正是崇高的理想不断地激励着布朗,终于在1954年出版了第一部自传体小说《我的左脚》,那时他才21岁。后来,他又出版了另一部自传体小说《生不逢时》。在小说中,他用自己的真情实感,叙述了他——一个全身瘫痪的残疾人不懈的努力和追求,使文坛为之轰动。这部小说成为国际畅销书,在十几个国家翻译出版。

任何人都可以取得成功,只要舍得洒下汗水。那些残疾人能够取得伟大的成就,并不是因为身体残疾而赢得了别人的同情,而是因为他们付出了更多的辛劳。"不经历风雨,怎能见彩虹",调节自己的心态,正本清源,用汗水浇灌成功的种子。

只有全心全意的付出,才能收获美丽的果实。奥巴马曾经说过:"在美国,我们来到迄今。我们已经看到这么多,但有这么多事情要做。这是我们的时代,要使我们的人民重新工作并将机会留给我们的子孙,重新恢复繁荣并促进和平。"

当然,辛劳付出不等于一条路跑到黑,而是在充分了解自我的基础上,找准人生的方向,坚忍不拔地去努力和拼搏。只有这样,才能使自己的生命更有价值。

人生在世,想要有收获就要付出汗水和辛劳,不要埋怨上天赐给我们的太少,成功从来都是靠自己去争取的。伟大从来都是勇于付出的唯一路径,也只有付出才能让一个人的灵魂变得真正充实和高尚。

27、勤奋有时比才智更重要   >>>

自从确立了自己的人生目标,奥巴马就始终保持着勤奋。在纽约的两年时间里,奥巴马过着僧侣一般的生活,他不想让过去的错误重蹈覆辙。他几乎与世隔绝,不喝酒,也拒绝任何交际派对,每天准时上课,然后回到家里看书或者写作,这是当时奥巴马生活的全部内容。后来,他回忆说:那段勤奋的岁月,让我学到了很多东西,悟出了很多道理。

奥巴马知道,自己作为一个黑人,要在以白人为主流的社会上实现自己的梦想,除了要用尽自己的聪明才智之外,更要付出自己的勤奋,让人们看到他真诚和踏实的一面,以得到人们的信任和拥戴。

2011年4月的时候,奥巴马就在自己的网站上发布了正式竞选的公告:2012年的竞选正式开始啦。我们将要设立办公室,开始与像你一样的支持者对话,你们帮助我们打造了通向胜利的道路。2012现在就要开始,这就是你加入其中的地方。

第四章
肯实干,伟大不是凭空想出来的

显然,在竞选问题上,他比他的两位前任都更为勤奋。克林顿的连任竞选开始于1995年的4月14日,布什总统的连任竞选则开始于5月16日。从筹款和组建竞选团队等方面看,奥巴马非常重视连任竞选。其实,奥巴马更早的时候在筹款和组建团队方面就已经开始了行动。

3月17日,在民主党全国财政委员会和顾问委员会的会议上,奥巴马的竞选团队给出席会议的四百多名筹款者下达了一项任务:每人至少为2012年的竞选筹集35万美元的竞选费用,而且,这只是2011年的任务。这意味着这些筹款者要更加勤奋才能达成这一目的。因为在2008年的竞选中,这些成员每个人的筹款任务是每人25万美元。

在筹款方面,奥巴马的团队非常积极活跃。由于勤奋奔波,2012年8月底的时候,他们就已经筹到了6.55亿美元,而他的对手罗姆尼和共和党在8月底共筹集了约5.36亿美元。在筹款上,他们已经赢了。

才智固然重要,对于同一个问题,当有才华的人交锋,最后的胜利必然属于更加勤奋的那一个人。

很多人做事强调灵感和才智,其实不然,很多时候,我们没有"灵光乍现"的瞬间,只是因为没有勤奋地坚持下去思考和破解。灵感出于勤奋,当我们向着那个方向勤奋不懈地努力了,往往能够取得惊人的突破。

在美国,有一个人在一年之中的每一天里,都几乎做着同一件事:天刚刚放亮,他就伏在打字机前,开始一天的写作。这个男人名叫斯蒂芬·金,著名的恐怖小说大师。

斯蒂芬·金的经历十分坎坷,他曾经穷得连电话费都交不起,电话公司因此而掐断了他的电话线。后来,他成了世界上著名的恐怖小说大师,整天稿约不断。常常是一部小说还在他的大脑之中酝酿着,出版社高额的订金就支付给了他。

斯蒂芬·金成功的秘诀很简单,只有两个字,勤奋。一年之中,他只有3天的时间不写作。也就是说,他只有3天的休息时间。这3天是:生日、圣诞节、美国独立日。勤奋给他带来的好处是永不枯竭的灵感。

斯蒂芬·金和一般的作家有点不同。一般的作家在没有灵感的时候,就去干别的事情,从不逼自己硬写。但斯蒂芬·金在没有什么可写的情况下,每天也要坚持写5000字。这是他在早期写作时,他的一个老师传授给他的一条经验,这使他终身受益。他说:"我从来没有过灵感枯竭的恐慌。做一个勤奋的人,阳光每一天的第一个吻,肯定是先落在勤奋者的脸颊上的。"

爱迪生说:"天才是百分之九十九的汗水加百分之一的灵感。"没有才华的人通过勤奋也能够取得意想不到的成就,因为勤奋不仅可以弥补才智的不足,而且在勤奋努力的过程中,人们的潜能会被无尽地激发出来,脑子越用越灵活,智慧也会不断提高,而聪明却会在懒惰中逐步消失。爱因斯坦小时候并没有被认为是聪明的孩子,而是通过不懈的努力,最终超过了常人。

勤奋永远是成功的敲门砖,马克思写《资本论》花了整整40年时间,他为了搜集资料,光日记就有1300多篇。伟大的医学家李时珍,为了研究药的性能,他踏遍了祖国的山山水水,访问了成千上百的农民、樵夫、渔夫,终于写出了举世闻名的《本草纲目》。正如一位成功人士所说的,勤奋是做任何事情的基础,无论我们所做事情的大小,都必须勤勤恳恳的一步一个脚印地走过来。

萧伯纳说过:"所谓天才人物指的就是具有毅力的人、勤奋的人、入迷的人和忘我的人。"勤奋比才智更加重要,没有才智,我们可以慢慢开拓智慧,没有勤奋的精神,我们做任何事情都不能尽善尽美。

28、主动做别人不愿做的事 >>>

奥巴马在芝加哥当社区组织者的时候，发现了这样的现象：当人的经济状况变好后，总是喜欢搬去更好的地方，享受更好的生活资源，让自己的子女得到更好的教育。当地的很多人就是如此，有了钱之后就会搬向郊区的富人区，而且，这种行为不管是对于白人来说，还是对于黑人来说，都是一种本能。

当一个人有了更多的资源和能力之后，就不愿意再待在贫穷的地方了。但奥巴马却自愿在这里待了3年的时间，并且做别人不愿意做的社区工作，致力于改善底层人民的生活状态……

在芝加哥的贫民社区，为了改变城市的空心化和贫困化的恶性循环，政府也采取了一些具有建设性的行动方案：改造贫民区的部分区域，建立高档公寓等。这些措施让很多中产阶级居民认识到：如果没有孩子，这样的条件比搬家要舒服得多。因此，这些举措很大程度上留住了一批中产阶级居民。

然而，除了新建的高档社区以外，其他地方的经济状况和黑人的生存状况依然很差。贫穷也是奥巴马进入黑人社区之后遇到的最棘手的问题。贫穷衍生出了一种恶性循环：黑人生存环境恶劣使得犯罪行为滋生，从而导致犯罪率居高不下，要想避免这种情况，只能提高居民的经济状况和教育水平，然而普及教育和提高生活水平需要钱的支持……

在这种背景下，奥巴马在黑人社区里留了下来，肩负起了社区组织者的重责。

奥巴马在伊利诺伊州的参议院任职时，曾主动申请了一些有挑战性的工作：到公共健康和福利委员会负责相关事务。对方被奥巴马的真诚感动，答应了他的请求。在这个岗位上，奥巴马也得到了自己能力上的证明。

奥巴马做的这些别人敬而远之的事情，无一不成为了他竞选道路上的通行证，这些都是他引以为豪的经历，也正是在做这些事情的时候，他的思想层次才变得更高，他的眼光才更加长远，这为他后来的成功奠定了基础。

然而，在生活中，很多人面对繁重的工作都会反感，因为各种原因，会被派遣做一些自己不喜欢的事情，有时候，有人可能会提出这样的疑问："做这些事情有意义吗？"有人还可能觉得做这些事是在做傻事。其实，做别人不愿意做的事情，对于不熟悉工作状况的人而言，是学习和提升自己的良好机会，而对已经对工作非常有了解的人而言，把别人不愿意做的事情做好是表现自己吃苦耐劳和对工作负责的机会，以此可以得到别人的认可。

在许多年前的日本，一个年轻女郎来到一家著名的酒店当服务员。

在新人受训期间，上司竟然安排她洗马桶，而且工作质量要求高得吓人：必须把马桶洗得光洁如新！这让她难以承受，因为她没想到会是洗马桶的差事，她看见马桶就有种作呕的感觉。正在此关键时刻，同单位一位前辈及时地出现在她的面前。前辈亲自洗马桶给她看了一遍。首先，她一遍遍地洗着马桶，直到洗得光洁如新；然后，她从马桶里盛了一杯水，一饮而尽，丝毫没有勉强。

她目瞪口呆，如梦初醒！她警觉到是自己的工作态度出了问题，于是痛下决心："就算一辈子洗马桶，也要做一名洗马桶最出色的人！"从此，她脱胎换骨成为一个全新的人，她的工作质量达到了无可挑剔的高水准。从此，她踏上了成功之旅。

很多人总想着要尽快展现自己的才华，恨不得赶紧在自己理想的工作岗位上一鸣惊人。他们不屑于做那些琐碎或者不体面的工作，被分到了不好的工作岗位上，不是跳槽就是应付了事。能够在别人不愿意做的事情上静下心来，拥有负责、忠诚、敬业等良好素质，工作上出成绩是早晚的，获得人生的成绩也是理所当然的。

体面的工作谁都想要，但是在舒适中，我们不能进步，得不到锻炼。做别人不愿意做的事情有时候需要我们付出勇气，有时候也需要我们放眼长远。如果我们能够鼓起勇气放下身段，或者短时间内吃苦挨累，那么最后收获的一定是我们自己。

成功者所从事的工作，是绝大多数的人不愿意去做的，这是以美国管理学者韦特莱名字命名的"韦特莱法则"，即：做别人都不愿意做的事，并把它做得更好，我们就会取得成功。

29、当一个耐心的狩猎者　　>>>

哈佛对于学术自由、言论自由特别注重，那里学生的思想特别开阔，常常会就一个观点辩论很久，由此哈佛产生了各个派别，在某件事情上观点不一致，派别之间就会进行争论，在争论的过程中，大家强调自己的理由,争论往往无休止。奥巴马因为有社会阅历,他明白很多事情并没有对与错,一切只在于当事人看待问题的立场与角度。他养成了耐心倾听的好习惯。

每当争论产生,他都会耐心倾听两方的意见,然后寻找一个双方都可以接受的方案来解决问题。这种耐心为奥巴马在哈佛赢得了良好的人缘,让他得到了大多数人的认可和喜欢,也让他狩到了出人意料的"猎物":成为哈佛第一个《哈佛法学评论》非裔总编。

在各种时候,奥巴马总是保持着耐心和低调,他专注而敏锐地倾听别人的意见,偶尔会提出一些不失礼貌的反驳意见。但他的发言往往让人觉得是所有人意见的融合,所有人都得到了尊重,他偶尔也会谦虚地表示"这是公众的观点"。

然而,很多人却不懂得耐心的重要意义。生活中的某些人为了达到目的失去了耐心:买股票,明天就想成为富翁;买张彩票,就想中百万;刚刚创业,就想日进斗金;刚刚进入职场,就想挥斥方遒;才开始立志努力学习, 就梦想着考入哈佛……结果往往虚度了更多的光阴,浪费了更多的经历。心急吃不了热豆腐,耐住性子稳住步子,成绩是一步一步做出来的,耐心去付出才是最"经济"的做法。

法拉第出生在一个铁匠家庭, 尚不到12岁的他就开始做报童,他经常在一家书店学习。经过一天的劳动,大家都是筋疲力尽,唯有他一声不吭地找一本自己喜欢的书在暗淡的烛光下苦读。有时候,实在累了,他就用冷水浇头,还用指甲在手上划,以保持清醒的头脑。渐渐地,他着迷于那些奇妙的电的现象,那些化学实验也令他痴迷不已,常常在工作中傻傻呆立,原来他脑中灵光一闪想出改善实验的办法。他下班后的所有时间就是读书和做实验。这样的日子,他持续了整整8年!他一直忍耐艰苦的环境,不断学习,就是为了等待时机的来临。终于他

第四章
肯实干，伟大不是凭空想出来的

等到机会，得到了一张大科学家戴维讲座的入场门票。

听完讲座，他对科学更加痴迷，于是他鼓足勇气给当时的英国皇家学会会长班克斯爵士写信，请求在皇家学院找份工作，即便是打杂也可以。一周过去，却杳无音信。他豁出去了，干脆跑到皇家学院去打听，得到的答复是："班克斯爵士说，你的信不必回复！"

于是，他连夜给戴维写了一封书信，信中激情澎湃，写满了一个年轻人对戴维的崇拜，写满了一个年轻人对科学的痴迷……不久，他便被戴维招到皇家学院化学实验室当了自己的助手！

多年的忍耐终于得到了回报。他发现的电磁感应现象，预告了发电机的诞生，开创了电气化的新时代。他毕生致力研究的科学理论——场的理论，引起了物理学的革命。

有时我们做某些事情，短时间内得不到回报，甚至在短时间内看不到希望，这个时候，我们更加需要充分的耐心来为自己赢得更多的机会。

苏格拉底曾对自己的学生说："把你们的手向前平举10分钟，每天都这么做。"一个月后，苏格拉底问自己的学生有多少人做到时，有三分之一的人举手，两个月后还剩十几个人，三个月后只剩一个人，他就是柏拉图，后来成为了著名的哲学家。

只有让自己做一个耐心的狩猎者，充满耐心地一步一步把事情干好，每一步都给自己打下坚实的基础，每一步都给自己一个良好的交代，再重新向未来更高去走的人，他才能够把事情真正地做成功。

30、成功属于不断努力工作的人　　　　>>>

　　奥巴马是一个一直致力于改善民众生活而又脚踏实地的人,他一直在努力工作,就像他自己在演讲中所说的:"在我20多年参与公共事务的过程中,曾经与芝加哥南部的社区领袖们共同奋斗,并且亲眼目睹了为争取良好的就业和教育条件而实现的黑人、白人、拉丁人之间的关系好转。"

　　奥巴马曾经与执法及民权支持者坐在一起,认真讨论改革一项将几个无辜的人判为死罪的司法制度;他曾经与共和党的朋友一起致力于为更多的儿童提供健康保险,为更多工薪阶层的家庭提供减税,制止核武器扩散,确保每一个美国人都了解他们的税收去向……

　　奥巴马在上海与复旦大学学生互动交流时,一个学生提出这样一个问题:"我想问的是从另外一个角度来看,因为您很难才能得到这个奖(即诺贝尔和平奖),所以我在想您是怎么得到这个奖的? 还有您的大学教育怎么样使您得到这个奖项的? 我们很好奇,想请您给我们分享一下您的校园经历,如何才能走上成功的道路?

　　奥巴马非常礼貌地回答道:"我也不知道有什么课程学了之后可以拿到诺贝尔和平奖。不过很显然的,各位都非常努力地学习,非常有好奇心,愿意自己去思考一些问题。

　　"而我现在经常见到的对我最有启发的人,都是那些愿意不断努力工作的人,并且,他们不断地通过寻找新的途径进行提高自己,他们不仅仅是接受现状、接受常规。有些人进入政府服务,有些人想当老师、教授,有些人想做企业家。但是我认为不管你从事哪个领域的工作,如果你不断地努力更新和改进,而不只是满足于现状,一直在扪心自问,看看是否能够以不同的方式来解决问题的话,那么不管是科学也好、技术也好、艺术也好,去尝试前人没有用过的方法,只有这样才能出人头地。"

最后,奥巴马说道:"我最敬仰的那些成功的人士,他们希望对世界做出贡献,他们希望对他们的国家做出贡献,对他们的城市做出贡献,他们希望对别人带来良好的生活影响。我相信只要在座的你们努力的话也能够做出这样的贡献。"

奥巴马把政治当作是实现他真正热情和理想的方式,并且,就如他自己所说,他并没有满足于现状,在努力工作的同时,他还在努力寻找能够更加发挥自己的才能,为他人做贡献的平台和机会。

努力工作需要我们放下抱怨。有时候,我们面对自己的工作,总是抱怨自己的起点太低,或者抱怨自己生不逢时……没有任何一点儿成绩是抱怨出来的,如果对自己的生活感到不满,努力工作是唯一出路。

约翰·马克斯韦尔大学刚毕业进入一家新公司,公司里的新员工就有人抱怨道:"原以为进入这家出版社能领到很好的薪水和福利,没想到薪水那么少!更气愤的是,都快一年了,社里都没有给我们涨工资的意思。"不过,约翰·马克斯韦尔并没有参与到这种私下里的抱怨之中。他只是埋头苦干,任劳任怨。

有人偷偷地问约翰:"你整天被指派来指派去地干那么多活,却领那么点薪水,你不觉得太亏吗?要是我,早就不干了!"约翰哈哈一笑,然后回答说:"愿意多付出,才更容易收获。我觉得多做事对我的成长只有好处,没有坏处。"

两年过去后,和约翰一起进来的新员工,有的已经被辞退了,有的虽然还在编辑部里,但薪水待遇并没有提升多少。而约翰呢?他的薪水已经提升了20倍,并且担任了第五编辑室的负责人。

10年后,他离开了这家出版社,成立了自己的出版公司。再后来,约翰·马克斯韦尔成为了纽约著名的出版家。

在生活中,我们会经常发现才华横溢的失业者和不得志的人。他们之所以有如此下场,就是因为他们不能调整自己的心态,努力去工作。当我们在一份工作上努力做出成绩之后,我们的薪水可能会涨,职位可能会得到晋升,然后,继续努力工作,前途也会越来越好。著名英国前首相撒切尔夫人也是一个努力工作的典型,她在自己担任的任何一个职位上都尽职尽责,才最终逐渐走到了权力的巅峰。

有人说:"聪明的人依靠自己的工作,愚蠢的人依靠自己的希望。"我们的努力有时候确实不能够得到及时的回报,这时候,我们依然应当保持斗志,让自己继续努力,因为做事情不像开灯,一拨开关,灯就亮了。努力往往要花费很多时间,时间久了,功到自成,放弃则意味着前功尽弃。

瘦弱矮小的松下曾多次去同一家电器公司面试,终于敲开了接纳自己成为这家公司员工的大门。从这家电器公司开始,他不断得到提升和进步,最终创立了闻名世界的松下电器。

一个人如果毕生都能坚持勤奋努力,他精神上散发出来的活力的光彩,同样能够让别人尊敬和认可,因为努力工作本身就是一种成功。很多努力工作的人被问到幸福与否的问题时,他们大都回答,努力工作让他们的人生更加充实而富有意义。

有信心，只要你认为能就一定能

31、自我肯定，自信让你更有力量　　　>>>

奥巴马是一个超级自信的人，作为一匹政治黑马，他的自信让人眼前一亮，这种气质感召了无数人，也让他自己充满了力量，这种力量在他的演讲中充分地体现了出来："我们将实现我们坚信不疑的改革，更多的家庭能够看得起病，我们的孩子，我的女儿玛利亚和艾丽莎和你们的孩子将会生活在一个更为干净和更加安全的星球上，世界将以不同的眼光看待美国，而美国将把自己看做一个更少歧视、更多团结的国家。"

2008年9月15日，雷曼兄弟宣布公司破产，紧接着，金融危机席卷全球。这场危机给正在参选的奥巴马和麦凯恩带来了不同的机会。面对危机，奥巴马更加自信，他曾经说过："如果缺乏政府的干涉和控制，美国社会的分化就会进一步扩大，经济震荡会更容易发生且越来越难以控制，美国民众将很难团结起来。"金融危机就像是撞到了奥巴马的预言上一样。

面对如此危机，奥巴马没有慌张，而是觉得这是展现自己的最佳时刻。他通过"变革"的口号正面回应了选民在金融危机下的心理需求。他以极度自信的姿态赢得了选举。

胜选之后，他自信可以处理问题，自信可以团结全国民众应对危机，就像他在演讲中所说的那样："在这个国家，我们患难与共。让我们一起抵制重走老路的诱惑，避免重新回到令美国政治长期深受毒害的党派纷争、小题大做、不成熟等表现……我们能够做到。"

第五章
有信心，只要你认为能就一定能

他自信可以团结全体的美国人民，他说："对于那些没有投票给我的美国人，我想说，我没有赢得你们的选票，但是我听到了你们的声音，我也将是你们的总统。"

就是这样的自信让他取得了胜利，他在两次总统竞选中均有落后的时刻，自信让他走过了最艰难的时刻；自信让他敢于任用自己的对手希拉里，因此组建了强健的内阁；自信让他摒弃种族偏见，与"平权主义"拉开距离，让黑人和白人之间消除隔阂迈进了一步；自信让他在失业率在7.2%以上获得了连任……

自信让一个人更有力量，一个人只有首先相信自己，才能充分挖掘出自己的潜力和能力，将自己的优点充分表现出来。小仲马自信自己也有成为文学大家的能力，所以才不依赖父亲的名气投稿，最终也取得了文学上的成就，成为了法国文坛上一颗明星。

希尔曼身高不足1.55米，体重是62公斤。她唯一一次去美容院的时候，美容师说希尔曼的体重对她来说是一个难解的数学题。

希尔曼还记得自己第一次参加舞会时的悲伤心情。舞会上没有人和希尔曼跳舞，不管是什么原因，希尔曼在那里坐了整整3小时45分钟。当她回到家里，希尔曼告诉父母，自己玩得非常痛快，跳舞跳得脚都疼了。他们听到希尔曼舞会上的成功都很高兴，欢欢喜喜地去睡觉了。希尔曼走进自己的卧室，伤心地哭了一整夜。夜里她总是想象着，参加舞会的孩子们正在告诉他们的家长：没有一个人和希尔曼跳舞。

有一天，希尔曼独自坐在公园里，心里担忧着如果自己的朋友从这儿走过，在他们眼里她一个人坐在这儿是不是有些愚蠢。当她开始读一段法国散文时，文中出现一个总是忘了现在而幻想未来的女人，她不禁想："我不也和她一样吗？"

显然,这个女人把她绝大部分的时间花在试图给人留下好印象上了,只有很少的时间是在过自己的生活。在这一瞬间,希尔曼意识到自己整整数年光阴就像是花在一个无意义的赛跑上了,她所做的一点都没有起作用,因为没有人注意她。从此,希尔曼完全改变了自己。

生活中,有很多人因为各种原因而自卑:长得不够漂亮、没有更好的学历背景等。其实,我们每个人都有优点,不管我们自身存在什么样的不足,那些优点都值得肯定。大文豪马克·吐温曾经经商,不仅将自己多年用心血换来的经费赔了个精光,还欠了一屁股债。妻子深知丈夫没有经商的本事,却有文学上的天赋,便帮助他鼓起勇气,振作精神,重走创作之路。马克·吐温终于摆脱了失败的痛苦,在文学创作上取得了辉煌的成绩。

有人说:"内心的强大,能够有效弥补你外在的不足;内心的强大,能够让你无所畏惧地走在大路上。"自我肯定就是一种内心的强大,我们的能力就是在不断地自我肯定中逐步提升的。著名作家柯林·威尔森虽然遭遇过很多次投稿碰壁,但他通过不断地自我肯定,让自己的写作能力逐步提升,才有了后来的文学成就。

只有自信,才能够让我们感觉到自己能力的强大,让我们的身心都充满活力。当我们肯定了自己的优点,在自己的心中反复暗示自己可以时,就等于挖掘了内心深处的力量,这种力量能够让我们发挥出巨大的潜力,能够为后来的成功打下基础。

32、从不说"不能"　　　　　　　　　>>>

2008年代表美国参加"环球小姐"选美大赛的选手斯图尔特说过："对于民主党和共和党的总统候选人，我都非常钦佩和欣赏，但是我更加喜欢奥巴马。他的自信和感召人的方式一直吸引着我。"

"从不说'不能'"是奥巴马感召选民的方式之一。在竞选过程中，奥巴马经历了多次挫折，在新罕布尔州，本来形势大好的情况下，奥巴马反被希拉里反超，一度处于不利局势。奥巴马并没有失去自信，反而一副充满信心的样子，喊出了"我们能"的口号，让所有支持他的选民明白：失败只是暂时的，他一定能够取得最后的胜利。

在胜选演讲中，奥巴马激昂地说了一连串的"我们能够做到"：

这才是美国真正的精华——美国能够改变。我们的联邦会日渐完美，我们现在已经取得的成就为我们将来能够取得和必须取得的成就增添了希望。

当上世纪30年代的"大萧条"使得人们感到恐慌时，她看到一个国家用新政、新的就业机会以及对新目标的共同追求战胜恐慌。是的，我们能够做到。

当炸弹袭击了我们的港口，暴政威胁到全世界，她见证了一代美国人的伟大崛起，见证了一个民主国家获得拯救。是的，我们能够做到。

她见证了蒙哥马利的抵制公共汽车运动，伯明翰高压水龙头下的黑人示威，赛尔马大桥上的血腥周末，一位来自亚特兰大的传教士告诉人们："我们即将克服障碍。"是的，我们能够做到。

我们登上月球，柏林墙倒塌，世界被我们的科学和想象连接在一起。今年，在这场选举中，她用手指触摸屏幕投下自己的选票，因为在美国生活了106年之后，历经了最好的时光和最黑暗的时刻之后，她知道美国如何能够进行变革。是的，我们能够做到。

"从不说'不能'"让奥巴马一路走上了权力的巅峰，也让他为民众注入了希望和力量，很多人都为他的"一切皆有可能"、"是的，我们能够做到"打动了，就连他的对手都坦言被奥巴马"任何人都可以分享我的激情，取得自己的成功"的感言打动了。有人这么说道："2008年是属于奥巴马的一年，伟大就是这么练成的。"

很多时候，是因为"不能"阻碍了自己的前程，因为不相信自己可以，所以不去尝试，因为不相信自己能行，所以裹足不前。世界第二大传媒和娱乐集团维亚康姆公司的中国区女负责人被采访到成功的秘诀时说过："很多人会对自己说，我不可能达到那个目标。其实只要自己努力了，很多事情会完全不同。如果不去尝试，机会只能是零；只要努力了，就会有50%的成功机会。重要的是跟自己说可以，然后去努力。我从来不会跟自己说不。"

对自己说"不"，有时候还会让我们错过本属于我们的机会。有一个记者给一个杂志社投稿之后，因为没有自信，误以为杂志社的回信是退稿，便没有打开邮件，多年之后整理房间，他打开信件，发现杂志社给了自己很高的评价，并邀请自己面谈。而几年之后的他则永远地错过了那次机会……

不对自己说"不能"，其实就是给自己一个正面的暗示，让自己抱着积极的心态，以极大的信心去做事。在没有尝试过的情况下，我们都不知道自己是否可以，首先觉得自己"不能"的人则是在尝试之前为自己贴上了"不能"的标签，这种消极的暗示阻碍了潜能的发挥，让自己在尝试的过程中也抱着"做到就做到、做不到就做不到"的心态，这样的结果肯定是"不能"。

成功学的创始人拿破仑·希尔说："自信，是人类运用和驾驭宇宙无穷大智的唯一管道，是所有'奇迹'的根基，是所有科学法则无法分析的玄妙神迹的发源地。"生活中，不是因为有些事情难以做到，我们才失去自信；而是因为我们失去了自信，有些事情才显得难以做到。不对自己说"不能"，充满自信地努力向前，是取得成就的开始。

33、不要让别人的看法击溃自己　　　　>>>

奥巴马的第一个州参议员任期并不轻松，因为那个时候，奥巴马还只是一个政坛"菜鸟"，人们如此先入为主地看待他：奥巴马只不过是一个心高气傲的常春藤优秀政府派，常常向别人显示自己为社区组织做出的牺牲以及自己的哈佛血统。

奥巴马在任职国家参议员期间，有一回，他在20世纪60年代的民权领袖弗农·乔丹家里吃饭，讨论自己未来的状况。乔丹知道他有意竞选总统，对他说道："物各有时，你现在时机不对。你可以去做你想做的事情，但我不同意你的想法。"

奥巴马一路走来，有太多的人不同意他的看法，不支持他的决定，但奥巴马并未被他人的看法所累，他清楚地明白：自己在美国没有敌人。他要做的就是主动结交朋友，尽可能拓展自己的人脉，并且好好地做一些实在的事情，把政绩搞好，改变人们对他的看法。

我们每个人都免不了要看别人的眼光和听别人的言论,毕竟我们不可能摆脱世俗,不可能到原始森林里当野人。但是,当我们为了他人的意愿而放弃了自己最为喜欢的东西,为了他人眼中艳羡的目光而丢掉自己本应坚持的道路时,我们是否已经从自己人生的操盘手的位置上退下来了呢?

对于一个问题,每个人都有自己的看法,如果我们总是被别人的看法所累,终会茫然不知所措。人需要这样一种信念:我认为对的,我就去做,不管现实和环境以及别人怎样。无论别人做不做,我们都应该学会坚定地去做自己认为正确的事情。也许我们小小的行为不会改变世界,但是至少我们不会让世界改变自己。

在发现自己的错误之前,我们应该坚持自己的观点,因为我们面临的往往是一场考验。

小泽征尔是世界著名的音乐指挥家。有一次,他去欧洲参加指挥家大赛,在进行前三名的决赛时,他被安排在最后一个指挥演奏。轮到他上台时,评判委员会交给他一张乐谱。

演奏过程中,小泽征尔以世界一流指挥家的风度全神贯注地指挥演奏。然而,他突然发现乐曲中出现了不和谐的地方。开始,他还以为是演奏家们演奏错了,就指挥乐队停下来重新演奏一次,但是他仍然觉得不对劲,并向评判委员们提出了质疑。在场的所有作曲家和评判委员会上的权威人士都郑重声明乐谱没有问题。他被大家弄得十分难堪。在这庄严的音乐厅内,面对许多国际音乐大师和权威,他不免对自己的判断产生了动摇,但是,他仔细回想了乐曲之后,仍然觉得自己判断正确,于是大吼了一声:"一定是乐谱错了!"

他的吼声刚落,评判台上那些高傲的作曲家和权威评判人士突然向他报以热烈的掌声,祝贺他夺得大赛的冠军。

第五章
有信心，只要你认为能就一定能

这一个小小的乐谱错误是评委们精心设计的圈套。前面的两个选手其实也发现了这个问题，但他们放弃了自己的意见。

在生活中，处处存在考验。当我们遇到问题或者作出某种决定时，总会有许多人站出来指指点点，七嘴八舌。有的说这样做才是正确的，有的说那样才行……但作为当事人，切忌被别人所左右，永远要记住，决定权在自己手中，别人的意见永远只是用来参考。

当我们拥有了自己的梦想和信念，有些人可能会因为嫉妒等原因冷嘲热讽，试图让我们放弃梦想；有些人还可能因为自己无能而说别人也不行，试图让别人走上和他们一样的平庸之路；有些人还可能会因为不了解我们而误判我们的实力……无论如何，不要让别人的看法击溃自己，也正是因为别人对我们的怀疑和并不看好，我们才有机会去证明自己。

麦克阿瑟在西点军校考试前也曾遭受非议，很多人说他考不上，考试前夜，他因担心自己落榜而睡不着觉，母亲鼓励他说："没有人相信你的时候，也正是你证明自己的时候。"受到了极大的鼓励，最终他以第一名的成绩考进了军校。

每个人都是一只水晶球，晶莹闪烁，然而一旦受到他人的非议："你不够闪烁，你不够漂亮！"有的人或许就会让自己在黑夜中悄悄消殒，但是，欣赏和肯定自己的人不会因此而放弃光芒，而是抓住机会，将世界上五颜六色的光折射到自己生命的各个角落。

34、不懂欣赏自己，势必被人看低　　　>>>

　　奥巴马非常欣赏自己的演讲口才和写作能力，多次演讲的稿子，他都亲自完成；他懂得欣赏自己组建的团队，他直言不讳地夸奖自己的团队："你们是有史以来最优秀的。"有记者曾经问起他打篮球的事情，奥巴马非常高兴地回答："我的篮球打得很棒，我很欣赏打篮球的自己。"

　　他懂得欣赏自己的一切优势，在2012年10月16日与罗姆尼辩论时，他谈到自己总统任期内的各项成绩以争取民众的认可，当他谈到自己果断地下令突袭本·拉登的事情时，就连他的对手罗姆尼都对他表示祝贺。

　　2004年当选国家参议员之后，奥巴马又有了新的优势，这一点他自己也看得很清楚：强大的感召力，更为广泛的民众基础。

　　随着知名度和影响力的扩大，奥巴马获得了更多人的支持和喜爱。2006年，《时代》周刊将奥巴马作为封面人物，标题很简单："下一届总统？"在很短的时间内，奥巴马蜕变成了一颗耀眼的政治明星。

　　他的新书《无畏的希望》在《纽约时报》的排行榜上停留了3个月之久，在书中，他讲述了自己的政治理念和政策主张。能否成为下一届总统也成为了美国媒体和民众热议的话题……

　　担任联邦参议员期间，他从东部走访到西部，感受到人们的不满和绝望，经过仔细分析自己的优势之后，他决定竞选美国总统。

　　奥巴马作为一个华盛顿的新人竞选总统，他没有足够的经验，也

第五章
有信心，只要你认为能就一定能

没有打开华盛顿的人脉关系网络，但他并不认为自己比那些经验老道的竞选人差，他年轻有为，能欣赏自己的优点，他觉得自己同样优秀，甚至做得更好。这种态度让他取得了最终的胜利。

只有首先认可了自己，才能得到别人的认可。很多人之所以被别人看低，并不是自己身上没有优点，而是不懂得欣赏自己。不懂得欣赏自己的人因为发现不了自己的长处，所以会经常表现出对自己的不自信，这样势必散发不出那种让别人侧目的光环，结果只能是被别人看低。

有的人不能正确地欣赏自己是因为身上存在某些缺点：本来有演讲才能却因为长相而自卑；本来有交流的天赋却因为家庭贫穷而不敢表现自己……其实，一个唱歌很好听的人，不必总是担心自己的牙齿不漂亮，就不敢开口歌唱，只要把自己唱歌的能力表现出来，就能得到别人的掌声和赞美。

朱莉很小的时候，她觉得自己每天都生活得很不愉快，她和朋友们在一起的时候，总是害怕她们嘲笑自己。她觉得自己很笨，而且也没有朋友们那么漂亮。她非常自卑，觉得自己一无是处。

这天上课的时候，老师露丝小姐把朱莉叫了起来："朱莉，我需要你帮我一个忙，帮我给大家讲一个故事吧。灰姑娘的故事，我知道大家都听过，可是我希望你能用你的语言将这个故事讲给大家听。"朱莉听了，觉得非常吃惊，于是她结结巴巴地开始陈述这个大家都听过的故事。当朱莉讲完后，露丝小姐送上了她的吻："感谢你，朱莉。感谢你给我们讲了一个如此生动的故事。下面让我邀请你为我们表演灰姑娘吧。我听你的朋友说，你从来不肯在大家面前跳舞，大家都非常希望看到你的舞蹈。当然，我会为你选择一个帅气的王子。"那天的表演课朱莉的表现非常好，赢得了非常多的掌声，露丝小姐认为朱莉是那节课真正的公主。

这节课结束后，露丝小姐把朱莉叫到了自己的身边："美丽的公主,你讲的故事那么动听,你的舞蹈大家也非常喜欢,难道这些你没有发现吗？"朱莉的眼睛一亮,她怯怯地问露丝小姐："我真的有那么棒吗？""当然,你比你想象中要棒得多,你应该学会欣赏自己,做一个美丽的公主。"这次对话后,朱莉的性格开朗了很多,她发现自己身上有很多优点,她不再害怕别人嘲笑自己。

朱莉后来成为了一名非常有成就的舞蹈家，她总是告诉人们：我有很多优点,我很欣赏它们。

有人说："幸福不会降临到那些不懂得欣赏自己的人身上。"别人不懂得欣赏我们的优点,我们可以不去理会,但我们不懂得欣赏自己的优点,那将十分悲哀。

卡耐基说过一段耐人寻味的话："发现你自己,你就是你。记住,地球上没有和你一样的人。"我们每个人身上都蕴藏着宝藏,发现它,就能改变命运。

35、相信自己的选择,最终你会取得成功　　>>>

奥巴马选择了这样一位妻子:集感性与知性、专业与教养、贤惠与性感于一身的女人。美国人民通过米歇尔·奥巴马了解到了奥巴马的品味、婚姻观念与生活态度,在大选中,米歇尔为他设计的时尚造型让人们津津乐道……

第五章
有信心，只要你认为能就一定能

他们同在法律领域工作，就像一对完美搭档，米歇尔经常能够帮助他，与他共同进步。米歇尔还为奥巴马带来了丰富的人脉资源，通过米歇尔认识奥巴马的人，有很多都成为了奥巴马的朋友和经济资助人。奥巴马相信他对于另一半的选择，而她也终究没有让他失望。

2011年4月，奥巴马与情报、军事和外交团队成员在白宫时局值班室碰头，听取针对本·拉登行动的可能选项。

奥巴马面临三种选择：等待更多情报、发动定向空中打击、派遣地面部队。

情报人员表示，有五成至八成把握，但无法确定本·拉登具体藏身在哪一座建筑内。

奥巴马围着会议桌踱步，要求每个人表明观点，同时抛出突袭可能出现的最坏情形：平民伤亡、人质遭劫持、直升机被击落、与巴基斯坦产生外交摩擦。

与会人员的意见大致分为两派。白宫国土安全及反恐事务顾问约翰·布伦南和中央情报局局长莱昂·帕内塔支持地面行动，其他人认为应等待更多情报。会议临近结束时，大约一半与会者支持直升机突袭，另一半提议要么静待情报，要么空中打击。

会后，奥巴马离去，没有作决定。经过一夜考虑，奥巴马觉得机会难得，应该果断采取行动，于是他召集高级顾问，宣布决定突袭，他简短地说："动手吧。"

作出选择之后，奥巴马与国务卿希拉里·克林顿、国防部长罗伯特·盖茨、总统助理兼国家安全副顾问托马斯·多尼伦和白宫国土安全及反恐事务顾问布伦南等围坐时局值班室一张桌子前，观看卫星实时传回的突袭画面。本·拉登被击毙的消息传来，证明了奥巴马的抉择是正确的。

有人说："我们每个人的一生中都面临很多大大小小的选择，而这些选择决定我们的人生能否成功。"我们人生中的每个选择确实都会产生不同的结果，但是，只要我们穷尽智慧和勇气作出抉择，结果一定会取得成功。反之，如果我们连自己作出的选择都不能相信，对自己总是产生怀疑，这样一定会让我们的气势和信心受挫，导致我们的执行能力受挫，结果往往失败。

在坚定不移地相信自己的时候，我们往往能够充满勇气地投入到事情当中。成功学大师戴尔·卡耐基也曾遭到过质疑和嘲笑，甚至还被别人说成是骗子，但他始终相信自己的选择充满意义，能够给他人带来能量，因此他精力充沛地在全国各地巡回演讲，举办成人教育班和座谈会，他的事业没有前例，但他取得了意想不到的成功。

她从哈佛大学经济及数学系以优异的成绩毕业后，紧张工作之余，常常回忆起少年时去朋友家玩的情景。那时，她十二三岁的样子，去一位同学家，那位同学家的电视机里正播放着一档教授做甜点的节目。面点师表情夸张，语言风趣，一块面团在他的手中三揉两搓，便如魔术师一般变出一个造型别致的糕点。她们看得兴致盎然，不时地对着电视里面画面惊呼。

她萌生了开一家糕饼店的想法。于是她说服父母，获得父母的理解后，她辞去了那份高薪工作，准备给自己一年的时间，尝试专业烹饪这条路。她在波士顿南端的华盛顿街上找了一个合适的店面。

工作非常辛苦，她得从凌晨4点一直工作到午夜，但她却干得非常起劲。她做出的糕饼、甜点大受欢迎，尤其是她制作的"黏面包"，几乎一时成了店里的招牌，许多客人赶早排队来品尝。有一位客人从佛罗里达州飞到波士顿，一下飞机便直奔这家面包店，吃了她做的黏面包后,便力邀她去佛罗里达州开一家分店。

有个诗人说过:"既然选择了远方,便只顾风雨兼程。"我们会因为一个选择而走上不同的道路,很多人可能会为自己已经选择的道路后悔,如果还有挽救的余地,我们当然可以重新选择,但如果我们没有重新选择的机会,就应该调整自己的心态,相信自己未来可以奋斗出全新的一条道路。

一个人在充分相信自己的情况下,才能激发出更多的潜力和激情,当我们满怀激情地投入到自己的工作或者事业当中时,能够产生更多的创意或更好的想法。皮尔·卡丹是一个没有读过几天书的小裁缝,但他梦想有一天到巴黎去。初到巴黎,他的生活非常艰苦,但他并没有退缩,而是继续待在巴黎奋斗,正是这种对未来的信念,使他的创造能力一次次的飞越,他也逐渐成为了时装店里最优秀的设计师。

成功源于对自己选择的充分信赖,只要我们抱定这样的信念,也同样可以为自己创造美好未来。

36、为自己鼓掌 >>>

奥巴马说过:"我总是在想,如果我不为以前的自己鼓掌,我的将来可能会暗淡无光。"奥巴马在他的成功之路上,一直在为自己鼓掌,他宣传自己曾经在社区内取得的成绩,宣传自己的各种有关于"第一"的经历,以及他的哈佛光环。

他首先为自己鼓掌，才赢得了民众的掌声，才能够站在巅峰对着民众充满自信地演讲，并在演讲中隐含着对自己的喝彩："这个国家从来没有这么多人前来投票，人们排三四个小时的队来进行有生以来的第一次投票，因为他们相信这一次将会不同，他们发出的声音可能就是那个差别所在……"

奥巴马相信自己的改革梦想，他为自己的"变革"鼓掌："我知道自己宣告竞选总统有一些大胆，我也知道自己了解华盛顿还不够多，但是这些时间里，我知道华盛顿必须改变。"这一番话让所有的听众掌声雷动。人们喜欢敢于为自己鼓掌的奥巴马，在他身上，人们看到了希望和自信，看到了改变未来的活力。

爱默生说："自信是成功的第一秘诀。"当我们没有自信，总觉得不如人时，我们应该学会欣赏和肯定自己，如果没人给你鼓励，那就自己为自己鼓掌。一个人是否有成就，并不取决于他的家庭出身、教育背景、社会地位、经济状况，唯一取决的就是他有没有足够的信心，敢不敢于为自己喝彩。为自己鼓掌，可能暂时会很"冷清"，但早晚有一天，会得到满场的"掌声雷动"。

有个女生，自小就患上脑性麻痹症。此病状十分惊人，因肢体失去平衡感，手足便时常乱动，眯着眼，仰着头，张着嘴巴，口里念叨着模糊不清的词语，模样十分怪异。这样的人其实已失去了语言表达能力。

但她硬是靠自己顽强的意志和毅力，考上了美国著名的加州大学，并获得了艺术博士学位。她靠手中的画笔，还有很好的听力，来抒发自己的情感。

在一次讲演会上，一个不懂世故的中学生竟然这样提问："博士，你从小就长成这个样子，请问你怎么看你自己？"在场的人都在责怪这个学生的不敬，但她却十分坦然地在黑板上写下了这么几行字："一、我好可爱；二、我的腿很长很美；三、爸爸妈妈那么爱我；四、我会画画，我会写稿；五、我有一只可爱的猫；六……"最后，她再以一句话作结："我为自己鼓掌，只看我所有的，不看我所没有的！"

我们都希望演绎辉煌的成就和创造有个性的自我，都希望自己的风度学识、动人的歌喉或是翩翩起舞的身影能得到别人的认可和掌声，但是并不是每个人都能年少有为地出现在灯光闪烁的舞台上。也许我们一出世就受到冷落，没有良好的身世，没有令人羡慕的容貌，但这并不代表我们永远不会吸引别人的目光和惊叹，只要付出努力，我们同样可以取得成功。因此在暂时没有得到掌声的情况下，只要拥有一双手，我们都应为自己鼓掌。

鲜花诚然美丽，掌声固然醉人，但它只能肯定某些人的成就，无法否定多数人的价值，只要我们真真实实地生活，活出一个真真正正的自我，那么即使所有人都把目光投向别处，我们还可以为自己鼓掌，肯定自己的价值。画家梵高生前从来没有得到过艺术界的认可，但是他默默地画画，不断地鼓励自己，并把自己的一生都献给了艺术，最终取得了伟大的成就。

拿破仑说过，一个人应养成信赖自己的好习惯，即使再危急，也要相信自己的勇气与毅力。人要经常富有创意地自我对话，找到自己的价值，从而能够自我肯定。为自己鼓掌，没有半点矜持和修饰，自自然然大大方方，潇潇洒洒地为自己的生命喝彩，坚持下去，一定会赢得未来。

37、有主见，但不固执　　　　　　　　　>>>

奥巴马是一个极有主见的人，但他并不是一个固执的人。在芝加哥大学法学院担任讲师时，奥巴马总是扔给学生们一些沉重而深奥的问题，并且让学生积极参与讨论。师生共同解剖、琢磨那些模棱两可的答案。他知道有主见对于一个人来讲是有好处的，因此，他鼓励自己的学生做一个有主见的人。

有时候他和学生的观点不同，也不强迫学生接受自己的观点；有时候，他听学生讲得更有道理，也不固执己见；有时候，他会告诉自己的学生："即使看起来最正确的命题也会有意想不到的结果，问题并不是总能得到解决，没有哪条法规适用于所有的案例。"

奥巴马从政后，很多朋友都提醒奥巴马，演讲时应该极力避免说教，要积极、简单、放松，尽量表现出自己的感情。开始的时候，奥巴马对待这些劝告感到非常恼火，他不喜欢听到这样的批评，尤其不喜欢被人指责傲慢。

对于自己的演讲才能，他一直都感到非常自信，在精英云集的"海德公园"，他的演讲确实并未暴露出问题，他的学院派腔调甚至还得到了精英们的认可和欢迎。但奥巴马面对政客、面对平民听众时，他的演讲技巧失去了作用。他无法说服市长戴利来支持自己。

有一次，他在教堂进行演讲，他用缜密的逻辑和不温不火的腔调组织着自己的语言，他的助手却在一旁不停地提醒他："观众已经睡着了。"

第五章
有信心，只要你认为能就一定能

奥巴马终于看到了自己的问题，彻底认识到了自己的错误。原来，他觉得只要把道理告诉听众，就能够得到支持，现在，他觉得自己不能再固执己见，而是应该找到一种更加生动、更能吸引平民听众的演说方式。

从此以后，奥巴马经常造访教堂，学习牧师讲话的节奏、语气和神态。同时，他还非常注意留心听众的反应。通过不断地学习，他成为了一个合格的平民演说家。

他的助手这样评价说："他放弃了'哈佛式'的演说方式，转用'平民'语言。很多人都迷上了他，仅仅是因为他的口才。"

奥巴马坚持真理，但当他发现自己的错误的时候，绝不会坚持自己的错误。对于演说的方式，奥巴马并没有完全放弃"哈佛式"，他注意在不同的场合表现自己不同的侧面，而不是固执地在不同场所表现同样的自己。

在奥巴马与罗姆尼的角逐中，罗姆尼因为对很多问题都没有形成主见，多次改变自己的立场，让选民看到了他摇摆不定的一面，这也让他丢失了不少选票，而奥巴马则使用一贯政策宣传自己，选民对这样的人感到更加放心。

一个有主见的人能够冷静地面对非议、批评和质疑，能够不让别人牵着鼻子走。然而，有主见不等于固执。

柯达公司是胶卷技术的佼佼者，曾经以色彩清晰明亮的胶卷冲印技术独霸全球，在中国，柯达公司可以说是独步天下，把竞争对手富士远远地甩在后面。就是在这样一个大好局面之下，柯达犯了一个低级错误，那就是忽视数字影像技术是未来影像技术的主流这样一个事实。

令人啼笑皆非的是，柯达公司居然是世界上第一个发明数字影像技术的厂家，但为了维系自己的胶卷利润，他们把自己发明的数字影像技术锁进了保险柜里，结果被富士、索尼、佳能和奥林巴斯等企业抓住机会，他们利用柯达对数字影像技术的疏忽和对未来数字潮流的淡漠，迎头赶上并瓜分市场，最后这个曾经叱咤风云不可一世的柯达公司迎来了破产的命运。

最让人感叹的是，那些被柯达公司放弃了的技术，有的小公司仅仅是利用了其中的一小部分，现在都变成了声名显赫的专业公司。

很多人愤愤感慨："柯达老总的固执，导致了柯达的失败。"

做到有主见，但不固执，我们需要辩证地看待问题，学会变通，因为只有变通才会找到方法，才会获得一条捷径。奥巴马用希望、梦想等等一切含有正能量的词汇激励民众，在自己的竞选之路上，他也没有忽略金钱和广告的价值。

人们的固执大多时候是因为缺少自知之明。歌德有一句名言："有一种东西，比才能更罕见，更优美，更珍奇，那就是自知之明。一个目光敏锐、见识深刻的人，倘能承认自己有局限性，那他离完人就不远了。"我们每个人的能力都是有限的，每个人都有自己的弱点或者说不善于去做的事情，客观地认识到自己的优点和缺点，认清自己坚定的东西是否值得坚持、是否有意义，才能发掘自我潜力，进而超越自己。

我们对自己的梦想和追求应该坚持不懈，应该保持自己的主见，用逻辑和目标为自己指引前进道路，这是毋庸置疑的。但是，我们不能够盲目地坚持，不能够固执地以为"自己就是正确的"、"这么做就是对的"，不能让自己的行为成为撞到"南墙"不回头的愚蠢，否则最终会为自己的行为付出代价，并且后悔终生。

38、聚集力量,攀登不可能的高山　　　　>>>

从一个非裔穷小子逐步走上了美国总统的宝座,奥巴马可以说已经攀登上了不可能的高山,但这依然并不是他人生的终点,他继续号召全体美国人民聚集力量建设美国:"前方的道路将很漫长,我们攀登的脚步会很艰辛。我们可能无法在一年甚至一个任期内实现这些目标,但我从未像今晚这样满怀希望,我们将实现我们的目标。我向你们承诺:我们作为一个整体将会达成目标。"

在奥巴马4年的任期内,他已经完成了击毙本·拉登、从伊拉克撤军、平息了墨西哥湾石油泄漏危机、签署了医疗保健法案……克林顿说:"没有任何一位总统,无论是我还是我的任何一位前任,可以只用4年时间全面修缮他所认定的损伤。"因此,奥巴马需要连任,需要再一次聚集力量,为此奋斗。

在争取连任的路上,奥巴马聚集了无数力量。很多大学生志愿者挨家挨户拉票,为奥巴马能够竞选成功奔走呼号;很多军人志愿者为奥巴马助选打电话打到深夜……这么多力量聚集起来,使奥巴马再一次登上了总统宝座。

对于一个国家创伤的修复和建设,需要付出极大的代价。奥巴马争取连任成功之后,试图争取一切可以争取的力量来完成这项伟业,其中包括争取政敌的帮助。他说:"罗姆尼整个家庭,子辈、孙辈都献给了美国,这种精神,我们将永远铭记。我希望几周之后和罗姆尼一起来讨论怎样使我们的国家不断前进。"

他争取所有美国人的力量，为了登上这样的一座山峰："我将与两党领袖商议那些我们只有共同努力才能应对的问题，比如削减我们的赤字，改善我们的移民体系，减少对外国石油的依赖，我们有很多工作要做……我们希望我们的国家成为技术以及创新方面的领袖，并且创造出更多的就业岗位和更多的企业，我们希望我们的孩子不会受到恐怖力量的威胁……"

完成任何一项工程或伟大的事业，都需要有充足的力量准备。我们每个人都有梦想，也许我们会发现梦想和我们的能力有太大的差距，这时我们应该做的不是放弃，而是积聚力量，让自己不断成长，当我们有足够能力的时候，蓄势而发，就能登上不可能登上的高山。

1992年，杨佳因为疾病，眼睛突然失明。熬过一段痛苦的时光之后，她要从头再来。通过努力，她竟然能够在黑板上写出漂亮的板书，能够熟练地操作多媒体教学设备。在有了这个能力后，她"找回了自信，看到了光明"。

之后，杨佳萌生了继续读书的想法，她知道一个人要想成功，就要积聚力量，让自己更有深度。学习就是一个积聚力量最好的过程。并且，她要读最好的大学。2000年，她考上了美国哈佛大学肯尼迪政府学院，攻读公共管理硕士学位。

在哈佛，对于她来说最难的事情是应对每门课教师布置的不下500页的阅读量。对于一个正常的学生来说，时间都非常紧张，而她每次看书都必须通过扫描仪把资料一页一页扫描进电脑，再通过语音软件把内容读出来。时间对于她来说，就更加紧张了。因此，她只能从速度上下工夫。后来的她回忆说："我由原来每分钟听200多个英文单词，提速到每分钟听400多个，几乎就是录音机快进时变了调的语速。"在哈佛,她还要参加许多学术活动。她非常刻苦,经常学到凌晨两三点钟。最终,她不仅完成了学习任务,还超出学校规定,多学了3门课程。

回国后,杨佳首创了《经济全球化》和《沟通艺术》课程,成功地将哈佛MPA课程本土化,受到了同事和学生的欢迎。

除了教学,她还承担了一系列责任,比如,奥运期间,她还担任了北京奥运会专家顾问;后来,她担任了《科技助残全球化与标准化》科研项目负责人,并成为全国政协委员中唯一的盲人女性……

美国哈佛大学肯尼迪政府学院曾授予杨佳2011年度"校友成就奖",以表彰这位事业有成,而且"在改善人类生活条件方面,在当地、本国乃至国际上均取得了重大和有意义贡献的校友"。

任何人都有可能实现自己的理想。有时候,我们攀登高峰的理想会被急功近利的心态所占用,在我们还没有充分能力的时候就要去实现自己的理想,这样的结果只能让我们摔得很惨,自信心也会受到打击。只有首先通过各种方法学习、沉淀让自己变得成熟,变得强大,才能去挑战更高的梦想。

就像俞敏洪说过的水的精神:"像水一样不断地积蓄自己的力量,不断地冲破障碍,当你发现时机不到的时候,把自己的厚度积累起来,当有一天时机来临的时候,你就能够奔腾入海,实现自己的理想。"

【第六章】

不畏惧，刀架在脖子上也不退缩

No reason why not   No reason why not   No reason why not

39、只要决定了的事,就不再犹豫　　　　>>>

奥巴马曾经的强大竞争对手希拉里在接受《纽约人》杂志采访的时候,这样评价奥巴马:"他聪明睿智、坚韧果敢,具备成为总统的素质。"奥巴马曾经说过:"无论我们把目光投向何处,都有工作在等待着我们。经济形势要求我们果断而迅速地采取行动,我们将不辱使命,不仅要创造新的就业机会,而且要打下新的基础。我们将建造道路和桥梁,架设电网……"

他所许诺的这一切,在他的任期内都以最大的果断行动能力落实了。

在关于伊拉克撤军方面,奥巴马在2008年竞选之初就阐述了撤军意愿:"把我们的军队长久地停留在伊拉克不是一个选择,尤其是在我们的军力过于分散、国家被孤立、其他所有的威胁都被忽视的情况下。尽管当初介入时如此草率,今天我们必须谨慎地撤出伊拉克,撤退行动必须从现在就开始。"

当选总统之后,奥巴马并没有犹豫,而是迅速制订了撤军计划,2009年的2月份,他公布了自己的计划:作战部队将在18个月内陆续撤出大约撤出10万人的作战力量,将在伊拉克保留5万训练人员和顾问。另外,根据美国与伊拉克政府达成的安全协议,所有驻伊美军作战部队,必须在2011年底之前撤离伊拉克。这个时间大幅快于美国上届政府考虑的时间表。

2011年10月21日,奥巴马宣布,美军将在年底把驻伊拉克军队全部撤出，美国与伊拉克将建立以共同利益和相互尊重为基础的平等伙伴关系。他兑现了自己的诺言："如此前所承诺，我们的军队将在年底前全部撤出伊拉克，经过近9年的时间，美国在伊拉克的战争即将结束。"

奥巴马说："必须立刻行动起来。每推迟一天着手扭转我们的经济，就会有更多的人失去工作、积蓄和住房。如果不采取任何行动，这次经济衰退就有可能持续数年。"无论是医疗保险，还是其他的政策，奥巴马决定了的事情，都在稳步地落实。他的第一任期让人们看到了他的果断风格。这为他的第二任期继续执政铺平了道路。

生活中很多人做事犹豫不决，其实，犹豫往往来自自己的想象，我们越发耽搁时间去想，那么糟糕的事情就越会出现在我们的脑海里。如果我们决定了事情，立刻行动起来，不再多想，往往能够取得让人艳羡的成绩。

1857年，年轻的摩根从德国哥廷根大学毕业，进入邓肯商行工作。一次，他去古巴哈瓦那为商行采购鱼虾等海鲜归来，途经新奥尔良码头时，他下船在码头一带散步，突然有一个陌生人从后面拍了拍他的肩膀："先生，想买咖啡吗？我可以半价出售。""半价？什么咖啡？"摩根疑惑地盯着陌生人。陌生人马上自我介绍说："先生，我是看您像个生意人，才找您谈的。我是一艘巴西货船船长，为一位美国商人运来船咖啡，可是货到了，那位美国商人却已破产了。这船咖啡只好在此抛锚……先生！您如果买下，等于帮我一个大忙，我情愿半价出售。但有一条，必须现金交易。"

他立刻求助于在伦敦的父亲。吉诺斯同意他用自己伦敦公司的户头偿还挪用邓肯商行的欠款。摩根大为振奋，索性放手大干一番，在巴西船长的引荐之下,他又买下了其他船上的咖啡。

摩根初出茅庐,做下如此一桩大买卖,不能说不是冒险。但就在他买下这批咖啡不久,巴西便出现了严寒的天气,一下子使咖啡大为减产。这样,咖啡价格暴涨,摩根便适时地大赚了一笔。

毫不犹豫也是为了不错过机会,机会稍纵即逝,当机会来临,善于发现并立即抓住它,要比貌似谨慎的犹豫好得多。为能获得机会,就必须先消除犹豫。只要完成这个步骤,接下来忙不完的工作会迎面而来,使人没有时间去考虑害怕的问题。消除犹豫只有从正面迎击,别无他法。

德国小说家亨利希·曼曾经说过:"果断获得信心,信心产生力量,而力量是胜利之母。"有时候,我们做事优柔寡断是因为我们没有自信。一个人总是对自己做事的能力表示怀疑,不相信自己的判断,则会导致在行动上缺乏果断。因此,学会自信是让自己变得果断的一个方法。

果断是考验一个人能力的时候,考验一个人是否具有信心,是否有完美执行力,是否能够充分把握机会……既然决定了的事情,就不要犹豫,立刻着手去执行,充满信心地向前,成功就会降临。

40、会有挫折和失败,我们要学会承受 >>>

奥巴马经历了太多挫折,承受挫折对他来说可谓家常便饭。当成为总统的那一刻,他给了美国人民希望,并告诉全体美国人民要学会承受挫折和失败。

奥巴马对美国人民说:"我们会遭遇挫折和不成功的起步,我作为总统所做的每项决定或制定出来的每项政策，会有许多人持有异议，我们也知道，政府不能解决所有问题，但我将会向你们坦诚我们所面临的挑战。我请求你们参与重建这个国家，以美国从未改变的唯一方式：一砖一瓦地建设我们的国家。在这个国家，我们患难与共。"

挫折和失败让我们感到无助和痛苦，但是我们不能够选择逃避，只有选择了正面承受，才能走向未来。

在中山公园音乐堂，81岁的钢琴大师加里·格拉夫曼续写了他的"左手传奇"。在这场仅凭左手演奏的钢琴独奏会上，他以凝重而情感充沛的琴声征服了在场的观众。

格拉夫曼缓缓走上舞台，鞠躬，用右手略微吃力地调整一下座椅，左手即流畅地在琴键上跃动起来。整场音乐会，他都以一种近乎雕塑般静止的姿态端坐着，流泻的琴声时而沉静抒情，时而灵动奔放。每一曲终了，观众席都会响起持久而热烈的掌声。

1979年，格拉夫曼的右手受伤了，医生和音乐教授都告诉他："你不能再弹奏了。"这对音乐事业正值鼎盛时期的钢琴家来说不啻为最大的打击。他好像一夜间从山顶跌到了山谷，"几年时间里我不知道未来能做些什么，非常困惑。"格拉夫曼说。当年，他进入哥伦比亚大学修中国、日本等亚洲艺术史课程，同年还进行了自己的第一次中国之旅，并热衷于收藏中国艺术品，他需要寻找到接下来的人生之路，重拾自信，并要重新证明自己。

经过几年的休整之后，格拉夫曼以超人的毅力专攻左手演奏的作品。1985年，他和祖宾·梅塔及纽约爱乐乐团成功演奏了北美近代协奏曲，这为他赢得了"左手传奇"的美誉。

第六章
不畏惧,刀架在脖子上也不退缩

困境并不可怕,可怕的是我们在受挫后轻易放弃人生。生活的确会给我们带来了很多次的挑战,当我们感到无助、感到艰难、感到绝望的时候,我们不应该想:谁能来救救我?而是要想到自己,只有我们才是自己的救星,只有我们自己学着去承受这些痛苦,才能够击垮命运。

每个人都会有挫折和失败,但无论生活多么艰难、多么不堪重负,我们都不要任凭自己沦为命运的奴隶。我们要用自己的行动去证明、去创造、去主动寻找并改变它。在挫折和失败面前,如果我们不放弃,能够勇敢地站起来,我们就是生活的强者。

41、别被失败打垮,让自己的心更坚韧 >>>

2008年,奥巴马与希拉里在初选中激烈竞争时,麦凯恩一边观察形势,一边还"联合"希拉里对奥巴马进行打击。他有他自己的小算盘:制造民主党分裂,从中坐收渔利。

后来,麦凯恩如愿以偿:民主党初选结束之后,希拉里近一半的支持者都没有表态他们是否支持奥巴马。面对这样的局势,奥巴马并没有沮丧,而是与希拉里达成共识,让希拉里出面为自己争取选票,从而避免了民主党的分裂。

面对希拉里的支持,麦凯恩又陷入了被动局面。为了扭转局势,他提名佩林作为自己的副总统候选人。萨拉·佩林拥有一个蓝领家庭,育有5个子女。佩林刚刚接手提名时,在演讲中,把自己包装成为了一个"冰球母亲",这个比喻凸显了一个有血有肉的母亲形象,拉近了与选民的距离。

在接受提名的当天，佩林以3700万的收视人群紧逼奥巴马的3800万，远远高于民主党副总统候选人的2400万。麦凯恩对于佩林的表演非常满意。

佩林成为副总统候选人，为麦凯恩赢得了蓝领家庭的支持，并且争取了女性选民的支持。佩林随后便推出了自己的传记——《萨拉：搅得阿拉斯加政坛天翻地覆的冰球母亲》，并且很快就卖光了。

面对将败的颓势，奥巴马阵营并没有气馁，而是自信分析了局势，制订了反攻策略。他们分别在金融危机和后来的总统候选人电视辩论上下工夫，终于化险为夷。

奥巴马说："我知道我将要走的是一条漫漫长路，我可能会经历许多失败和挫折，但立志成功的雄心使我不允许自己放弃。"竞选路上，奥巴马经历了大大小小的颓势，他的心变得越来越坚韧，从没有向失败屈服，而是更加充满勇气和活力地面对挑战。

史玉柱曾经以百万元的高价拍出了自己3个小时的时间，他认为自己最值钱的"卖点"是失败，他说："我曾经失败过，而且失败得轰轰烈烈，我觉得成功时总结的经验往往是扭曲的，但一个人失败的总结教训那才是真的值钱的，所以我觉得我还是有一些价值的，如果和他们交流，我更愿意谈我失败的过程和我的一些体会。"

1989年，史玉柱从深圳大学研究院一毕业，就走上了下海创业的道路。他凭借自己开发的桌面文字处理系统挖得了人生的第一桶金，跻身中国内地富豪前十位。

1991年，史玉柱成立了巨人公司，但因巨人大厦的建设资金告急，加上管理不善，导致公司迅速盛极而衰。史玉柱一夜之间负债两个多

第六章
不畏惧,刀架在脖子上也不退缩

亿,被很多人认定"永远不可能有翻身之日"。

后来,史玉柱称自己最宝贵的财富就是那段刻骨铭心的经历。当时穷到这种地步——刚给高管配的手机全都收回变卖,大家很长时间都没有领过一分钱工资。当时,为了找原因就把报纸上骂自己的文章一篇篇接着读,越骂得狠越要读。在失败中,他变得更加坚强了。他说:"那段时间,就好像从一个孩子突然长大了,成熟了。"

很多人都认为史玉柱完了,但是,不甘心失败的他在蛰伏了一段时间后决定东山再起重新创业,并将主营业务变成了保健品"脑白金"。一年以后,史玉柱不仅还清了前一个巨人公司所欠的债务,还升上了一个新的台阶。脑白金、黄金搭档、征途,这一个个响亮的名字,他们的缔造者就是史玉柱,他从一个失败者再次成为了胜利者,身家再次达到数十亿。

诺贝尔文学奖得主罗曼·罗兰说:"累累的创伤,便是生命给予我们的最好的东西,因为在每个创伤上面,都标志着前进的一步。"有时候,是因为我们自己做得还不够好,所以失败;有时候,是因为我们自身的能力还不够,所以失败;有时候,我们失败的原因是别人没有义务给我们机会;有时候,我们失败的原因是别人看出了我们并不认真的心态……

失败总是有原因的,不断从自身寻找原因,在失败中,不断看到自己的不足,不断认识到自己需要提高和改进的地方,不断学习,总结经验,我们迟早会打开成功的大门。

我们的心因失败而坚韧,失败并不可怕,可怕的是被失败就此打垮,经历失败后从此一蹶不振。当我们拥有永不言败的精神,在失败中磨砺了心智,不拘泥于失败的痛楚,而是去总结失败的经验和教训,最终,我们会将失败转化为成功。美国著名电台广播员莎莉·拉菲尔拥有远大的目标,经过不懈努力,她成为了自办电视节目的主持人。她说:"我被人辞退了18次,本来可能被这些厄运所逼退,做不成我想做的事情,结果相反,我让它们鞭策我勇往直前。"

42、面对劲敌不退缩   >>>

奥巴马的人生之路上面对的几乎全部是劲敌。在哈佛,他面对的是如同他一样的优秀学子,与他们竞争《哈佛法学评论》的编辑以及总编;从政之后,他作为一个新人,没有太多骄人的政绩,面对的却是一批又一批老辣的政治对手,凭着一股不退缩的精神,他赢得了一次又一次胜利,直到参选总统,他的政敌更加强大了。

竞选总统路上,党内初选中,他战胜了拜登、希拉里等劲敌之后,又要面对共和党的总统候选人麦凯恩,麦凯恩也是经过了长久征战而在党内脱颖而出的老辣选手。奥巴马凭着冷静和智慧,继续向前,发表了《我们不能后退》的演讲表示了自己的信心,紧接着,奥巴马以一系列攻势打败了麦凯恩,走上了总统宝座。

成为总统之后,奥巴马面对的"敌人"更强——国内的高失业率,经济颓势。奥巴马作为总统没有舍重取轻,而是直面"劲敌"。

2010年1月27日,奥巴马在国会发表了上任以来的首次国情咨文演讲。在长达一小时的演讲中,奥巴马利用三分之二的篇幅来谈论美国人民最为关心的经济局势,他强调:"就业是我们2010年的第一要务,我不会退缩。"

第六章
不畏惧，刀架在脖子上也不退缩

美国的失业率高达10%，奥巴马提出了自己的解决方案。他将发起一个向社区银行提供低息贷款的项目，总额超过300亿美元，让小企业受惠；他提出为新雇员和新增薪酬的小企业提供税务抵扣优惠；他提出5年内使得美国出口翻番，以增加200万个就业岗位的目标，为实现这一目标，奥巴马宣布了一份"全国出口倡议"以帮助农民和小企业向海外销售产品，并承诺改革出口管制政策……

外界评论称：奥巴马制订了充分的政策来面对经济"敌人"。

我们经常都会遇到"敌人"，可能是因为意见不合，可能因为有利益竞争，也可能是因为职位晋升，还可能是因为他们阻碍了我们的发展，不管我们的敌人多么强大，为了能够实现自我的梦想，为了能够让自己有一个更好的未来，我们必须面对他们。

退缩意味着失败，面对强敌，我们只能拿出自己的勇气来，让自己不断进取。2009年的游泳世锦赛上，比德尔曼在比赛中以小组第一的成绩晋级半决赛，将迎战在奥运会上创造200米世界纪录并夺冠的菲尔普斯，他表示：面对挑战，绝不会退缩。他最终刷新世界纪录并夺取金牌，并成为了200米和400米自由泳的双冠王。

迈克尔·戴尔从小就非常有计算机天赋，他曾经在自己15岁生日时买了一台苹果电脑为自己庆祝，并把它拆开了。通过拆装不同的电脑，戴尔开始分析各大厂商的优劣，经过深思熟虑之后，1984年，他改进了IBM的计算机，并且能够以低于IBM的收费做相同的事。戴尔利用IBM销售的不合理性，以低于IBM经销商的价格购买库存过剩的电脑。他升级了这些计算机，然后销售它们。通过这种方法，戴尔的公司不断发展壮大。

然而，当时戴尔公司的头上有两座大山——康柏和IBM，他们都是非常强大的敌人,占有了大部分的市场份额,但戴尔并没有退缩,而是勇于挑战"劲敌",不断地冷静分析两大公司的优缺点,两大公司在不同时刻的不同走向,接着,戴尔制订了策略,他对自己的员工说道:"我们的目标是被客户谈起时,就像对康柏和IBM一样。"戴尔最早的职员说:"这个观点从来就没有动摇过。"最后,戴尔超越了他的两大劲敌,赢得了市场。

勇敢地去面对自己的敌人是对敌人的一种挑战,同时也是对自我的一种挑战,这种挑战往往能够激发出强大的潜能,让我们发挥出自己的最大优势。有时候,我们也许尽力去面对了,也还会出现不如意的结果,但是在面对强敌的过程中,我们仍得到能力上的锻炼,得到失败的经验。老布什曾经与里根竞选总统,他失败了,但他取得了经验,最终在1988年竞选时,赢得了成功。

面对劲敌不退缩是一种精神,这种精神让我们保持进取心,战胜不可能战胜的敌人。肯尼迪在竞选总统时只是一个名不见经传的参议员,他面对的敌人是政绩斐然的尼克松,保持着进取谨慎的肯尼迪把自己的斗志和人格魅力无限地释放出来,让选民看到了他的活力,给予了他最强大的支持,把他推上了总统的宝座。

我们的"敌人"当然不仅限于竞争对手,大多时候是我们面临的困难处境,有可能是和病魔残疾做斗争,有可能是和贫困无助做斗争……但无论我们面对的是什么"敌人",只要拥有不退缩的精神,做生活中的勇者,勇于和磨难做斗争,最后一定能够赢得人生。

43、只要不死,就有希望　　　　　　　　　>>>

2012年,奥巴马与罗姆尼选举过程中,"桑迪"来袭,奥巴马赶赴灾区现场慰问灾情,留下了一张和灾民合影的感人照片。灾情虽然严重,但他坚定地告诉当地人不要丧失希望,坚强地探讨怎么在"桑迪"风暴中重建家园。2008年,他就告诉过全国人民:"只要一息尚存,我们就有希望。"

奥巴马成功连任之后,又重申了希望的意义:"我们来到这里,不断前行,这主要是因为你们坚信这个国家能够实现永恒的希望,实现移民者的梦想。我们是一个大家庭,我们共同为了一个国家、一个民族而奋斗。"

2011年,两场龙卷风袭击了美国南部和中西部地区。发生在密苏里州乔普林市的龙卷风导致一百多人死亡。乔普林市自5月23日遭遇龙卷风袭击之后,又遭遇了大风和冰雹天气,给救灾造成了重重障碍。

包括600多名志愿者和50只警犬的救援团队仍然在废墟中寻找幸存者或死者。在灾难过后,龙卷风在市中心留下一个约10公里长的破坏带,整个城市面目全非,许多建筑倒塌,输电线路被毁,断裂的煤气管道起火燃烧,整个城市可以说是满目疮痍。

由于灾情非常严重,刚刚从欧洲返回美国的奥巴马急忙乘坐空军一号前往乔普林市视察,并且深入到了灾区的社区,和许多灾民见面,给予灾民极大的问候。一个妇女告诉奥巴马说:"我的叔叔在风灾来临时躲过了灭顶之灾,但他的房子却没能幸免。"奥巴马安慰她说:"你们会得到合理的赔偿,不要丧失希望,灾区过后,政府会与你们一起重建家园。"

之后,为了给灾民信心,奥巴马还出席了悼念活动,向灾难中去世的人们表示哀悼,并重申让人们不要因为灾难放弃生活,只要付出努力,就能迎来光明的未来。

有时候,我们的生活确实糟透了,我们感觉人生到了最低谷。但是,只要活着就有希望。贝多芬作为一个音乐人,他的耳朵却出现了问题,后来,他甚至完全耳聋了,但是,他并没有放弃希望,他说:"我要扼住命运的咽喉,它妄想使我屈服,这绝对办不到。"对于一个坚定的人,只要生命还在,一切都阻止不了他前进的脚步。

一本书中有这样一段话:"生命中最重要的一件事就是你不要把收入算作资本,因为任何一个傻瓜都会这样做。真正重要的事是你要从损失中获利。这就需要有才智才行,而这一点也正是一个聪明人和一个傻瓜的区别。"当我们遭受损失时,不必为此一蹶不振,最重要的是重新审视自己,找出跌入低谷的原因,并且从中获益。

有一位律师,毕业于一家很有名望的法律学院。毕业之后,他加入了美国西岸一家大商行,希望能够在此有所发展。可是结果事与愿违。后来,他又到了东岸,加入了一家律师事务所。6个月之后,上司示意让他辞职。他辞职了,却毫不在乎地对人说:"我不在乎这个工作,我根本就不喜欢这家律师事务所。"

再后来,他做了娱乐事业方面的法律事务,他总是跟人说:"这只是小生意。"

这位律师曾直言不讳地说:"我的确没有追求到我的愿望。"其实这也不足为怪,因为,他从来没有认真努力工作。他做事散漫,没有投入的习惯,无法下定决心,他总是对自己说:"反正成功与否是无所谓的。"然而,总是失败的他把自己推向了人生的谷底。他被一次又一次地请辞,他的老婆觉得他的事业总是没有起色,要求与他离婚,他还生了一场大病,甚至觉得自己一无所有了。

在生病期间,经人开导,他仔细分析了自己走到这一步的原因,并重新审视了自己,找出了自己的缺点。病好之后,他重新设计了自己的人生,并且为之奋斗,最终成为了一名优秀的律师。

失败了,我们就重新审视自己,暂时没有成功,我们就继续实行我们的计划,一时的坎坷和打击在所难免,只要我们不向命运屈服,生命就能创造奇迹。

有时候,面对痛苦,我们怨天尤人,然而,外界事物是不以人的意志为转移的,"物竞天择,适者生存",要想改变现状,就要留住希望。怨天尤人、埋怨环境等等都是不可取的。唯有保持冷静头脑和一颗平常心,重新定位人生的奋斗方向,才能让自己走出困境。

马云说过:"只要活着,不死就有希望。"我们觉得自己濒临"死亡"的时候,其实恰恰说明我们还没有死,还有转机。为此一蹶不振,是最大的悲哀,只有抓住这一丝机会,提升自己,未来依然把握在自己手里。

44、有毅力就会有奇迹 　　　　　>>>

奥巴马用他的毅力创造了很多奇迹。2011年,第一夫人米歇尔脸上洋溢着幸福的笑容:"我真为他感到自豪。"因为,在此之前,奥巴马又以极大的毅力创造了一个小小的奇迹——戒掉了烟瘾。

第一夫人证实，有十几年烟龄的奥巴马成功戒烟。很多人好奇地问她用了什么招数"逼夫就范"，米歇尔笑着回答："没有催促他，更没有总是缠着他问，'今天抽烟了吗？'这是一个对他个人的挑战，当有人在做正确的事情时，千万不要干预。"

奥巴马签署过一项历来最为严厉的反吸烟法案——《家庭吸烟预防和烟草控制法》，这个法案赋予了美国食品和药物管理局兼管香烟等烟草制品的权力……

在法案通过后的记者招待会上，奥巴马成了焦点，人们问："总统先生，您一天抽几支烟？是一个人抽还是当着别人的面也抽？新的法令会帮助您戒烟吗？"

奥巴马称自己为"前烟民"，他说："我已经戒掉了95%的烟瘾，只是心神不定的时候偶尔抽一支，并且，我仍在努力完全戒掉这个不健康的习惯。"

到了2010年12月份的时候，吉布斯表示：总统奥巴马已经有将近9个月的时间没有抽烟了。吉布斯指出：奥巴马为抗拒烟瘾做出了"巨大的努力"，即便是在最艰难的谈判桌上，奥巴马也克制了自己的烟瘾。

奥巴马说："我知道抽烟不好，我不想让孩子们知道我抽烟的事情。"第一夫人因此说，奥巴马戒掉烟瘾是因为两个女儿，他希望在孩子们问他是否吸烟的时候，能够直视她们天真的眼睛，并毫不犹豫地回答："没有。"

奥巴马是在2006年开始尝试戒烟的，因为米歇尔对他说过不想看到一个"吸烟的总统"，奥巴马便边竞选边尝试戒烟，因此，人们总是看到一个嚼着尼古丁口香糖的奥巴马。时隔5年，他凭着强大的毅力，终于成

第六章
不畏惧,刀架在脖子上也不退缩

功戒烟了。

改掉消极的毛病需要毅力,完成积极的壮举同样需要毅力。马丁·路德·金曾说:"在这个世界上,没有人能够使你倒下,如果你自己的信念还站立着。"许多人没有完成自己的目标,并不是因为他们没有能力,而是因为没有毅力。因为坚强的毅力,马丁·路德·金才带着自己的黑人兄弟进行了一场民权运动,并赢得了尊重。

居里夫人对科学的信念坚定不移,她以坚强的毅力完成了艰难的科学研究,她说:"生活对于任何人都非易事,我们必须有坚忍不拔的精神,最要紧的,还是我们自己要有信念,我们必须相信,我们对每一件事情都有天赋,而且,无论付出任何代价,都要把这件事情完成。当事情结束的时候,你就能问心无愧地说:'我已经尽我所能了。'"毅力让我们在困难的时候坚持下去,让我们在想要放弃的时候继续拼搏。

风靡全世界的美国著名连载漫画《花生漫画》,有一只可爱的狗叫"SNOOPY",它的产生源于其创造者查尔斯·舒尔茨的一段动人的故事。

查尔斯小时候功课很糟糕,频频亮红灯,甚至在体育方面,也是一塌糊涂。然而这些失败的阴影并没有让查尔斯太过烦恼,他只是专注于自己唯一的爱好——画画。但是,除了他本人以外,没有谁看得上他的那些涂鸦之作。查尔斯曾多次向学校的报刊投稿,却从来没有被采纳过。他也曾向沃尔特·迪士尼推荐过自己的漫画作品,寄出后却如石沉大海。

屡屡的失败后,查尔斯仍然没有放弃,他凭借自己坚强的毅力,继续在漫画领域中探索。他尝试着用画笔来描绘自己灰暗的童年和不争气的青少年时光:一个学业糟糕的不及格生、一个屡遭退稿的所谓艺术家、一个没人注意的失败者,他把多年来自己对画画的执著追求和对生活的真实体验融入其中。

奇迹发生了,漫画《花生漫画》很快风靡全世界,他所塑造的漫画角色一炮走红。漫画中的小男孩名叫查理·布朗,一样是一名失败者,而查理·布朗养的一只黑白花的小猎兔犬——SNOOPY,更是招人喜爱,如今被注册为世界性的商标。

我们做很多事情的时候,往往会有这样的感觉:这不可能成功,还是赶紧放弃吧。这个时候,没有毅力的人会就此放弃,结果自然不言而喻,一无所有。倘若我们拥有顽强的毅力,让自己继续坚持,最艰难的时刻过后,奇迹被创造出来,我们就会发现,是毅力拯救了我们。

有人说:"上帝偏爱那些越挫越勇的人们,命运垂青能经得起锻造的人们。"上帝和命运锻造出来的即是人的毅力,有毅力就会有奇迹。越是伟业,越是奇迹,它们到来之前往往越有一段艰难时期,那一段时期就仿佛黎明到来前的黑暗,最寒冷,最黑暗,让人们觉得最难熬,以顽强的毅力熬过去,奇迹一定会到来。

45、正确的方向还要加上坚持　　　>>>

奥巴马曾经抱着为国家和社会做点什么的态度参加了社区工作。朋友问他:"社区工作到底是什么?"他便简单扼要地回答:"我的工作就是改变,我要把草根阶层的黑人组织起来,改变他们,并让他们改变一些事情。"朋友听了之后,发自内心地赞扬他,但没有人和他选择一样的道路。奥巴马就这么孤独地坚持着,尽管薪水低,工作辛苦,也依然坚持着。

第六章
不畏惧，刀架在脖子上也不退缩

其实，早在奥巴马来到纽约的时候，他就已经找到了自己人生的方向，尽管那个时候他的方向还并没有一个详尽的计划。

朋友萨迪克在纽约见到奥巴马后，问奥巴马来纽约的原因。奥巴马回答他，自己要弥补荒唐的青年时代所犯下的错误，想要造福社会。

萨迪克听后，不禁以一种长者的姿态打量着奥巴马："亲爱的朋友，所有刚来纽约的人大都抱着跟你一样拯救世界、造福社会的理想，但是很可惜，这个城市的土壤不适合理想扎根，所有崇高的情感都被腐蚀掉了，你看看这个灯红酒绿的世界，弱肉强食，适者生存，这才是都市丛林的规则。当然，如果你是个例外，我将无比敬佩你。"

在接下来的时间里，奥巴马并没有被这个城市同化，奥巴马过着有规律的生活，他每天坚持跑步锻炼身体，并把所有精力都用在学习和反思上，偶尔写一些小诗……

他虽然稍微收敛了自己的雄心壮志，但依然默默地坚持着自己的梦想，让自己汲取着精神养料，并逐步成长。萨迪克终于忍不住对他说："你真是个讨厌的家伙。"

美国前总统约翰逊有一句名言：成大事不在于力量的大小，而在于能坚持多久。在实现目标的过程中，坚忍的意志是最重要的，拥有伟大的梦想，最害怕的便是临时打退堂鼓。但凡成功者，都能够冷静地面对事业进展中的每一个关键时刻，下定决心，就能坚持到底。

很多人都认为奥巴马的人生顺风顺水，但并不是如此，他的人生道路上也出现过很多挫折，比如，在2000年的联邦议员的竞选中，他就败给了博比·拉什，是坚持的品质让他没有倒下去。他的人生之所以看起来比别人要顺当一些，那也是因为他对待人生的每一个环节都坚持负责态度的原因。

斯蒂芬·金1947年生于美国,3岁时他父亲离家出走,母亲在艰难的日子里将他扶养成人,大学毕业后他就结婚了,而且有了女儿。他们没有自己的房子,只能住在一个简陋的房车中。他在一家洗衣店做洗衣工人,他的妻子上夜班,日子只能勉强糊口。

在穷困的生活中,他产生了当作家的愿望,于是他每天利用业余时间坚持写作,后来终于写成了一部小说《狂奔的人》,他把这部小说同时寄给了二十几家出版社,但都被一一退了回来。此后,他又写了两部长篇小说,还是被退回来了。第四篇小说《嘉丽》写完之后,依然遭遇了退稿的厄运,他烦躁地把手稿丢进了垃圾桶。第二天,他的妻子从垃圾桶里把书稿捡了回来,对他说:"你不该半途而废,特别是在你快要成功的时候。"

在妻子的鼓励下,他把这部小说寄给了双日出版社,没想到不久就接到了编辑的电报,说出版社决定出版这部小说,而且先行预付2500美金。他高兴极了,更加努力地投入创作,30年中写出了大量作品,被《纽约时报》誉为"现代恐怖小说大师"。他的小说一直在美国畅销书排行榜上名列榜首,他也是人类历史上第一位靠写作成为亿万富翁的作家。

在一个目标成为众人所追逐的对象时,往往只有坚持到最后的人才能笑到最后。

英国前首相丘吉尔是一个非常有名的演讲家,他非常推崇面对逆境要坚持不懈的精神。在他生命中的最后一次演讲上,他总共用20分钟阐述了两句简明的话,而且都是同样的字眼:"坚持到底,永不放弃!坚持到底,永不放弃!"

其实在很多时候,我们作出一个决定,找到一个适合自己的方向并没有什么难的,关键的难点在于怎么把它坚持下去。我们如果不能忍受奋斗的困苦,那么在我们一生之中,就根本不可能迎接胜利的来临。只有下定决心,坚定不移地走下去,我们才会看到胜利的希望。

46、给自己一片悬崖　　　　　　　　　　>>>

　　奥巴马在他的自传中曾经提到,无论他走到哪儿,总是会被问到这样一个问题:"你看起来非常优秀,但是,你为什么要蹚政治这趟浑水呢?"奥巴马意识到,这个问题的背后隐藏着人们对政治家滥发空头支票的嘲讽和对自身生活现状的不满。他选择了政治,就是把自己推向了悬崖,如果做不好,也终将成为愤世嫉俗者唾骂的对象。

　　奥巴马自信地回答这些人的问题:"不能否认的是,曾经并且一直以来都存在另外一种政治传承,它贯穿了从建国之初到民权运动的辉煌时刻,它基于一个单纯的信念:所有的美国人都是息息相关的……如果有足够多的人民信仰这个传统并付之行动,即使我们不能解决所有的问题,我们也终归会有所作为。"

　　奥巴马坚信,政治能够让他有所作为,尽管他有能力找到更加赚钱的工作,他仍然把自己献身给了政治。在这条路上,必须从底层开始做起。他虽然有很好的学历背景,但尽管这样,他的学历也会遭到嘲笑:"只不过是有一个优秀的学历罢了。"尽管工资低下,付出很多汗水,也有可能最终没有作为,在这条路上还会经常受到政敌的打击和愤世嫉俗者的嘲讽,他依然勇敢地向前。

之后，奥巴马进入律师事务所当助理律师，他的主要工作是帮助社区组织、协调各类种族歧视，或者维护选举权利等政治方面的法律事务。他处理几件与种族歧视有关的案件，这些案件都在当地引起了不小的轰动，在这个过程中，他得到了更为专业的历练，他的交际能力也在与底层民众的接触过程中得到了提升。

通过不断地努力，奥巴马带着自己的团队在基层奔走游说、筹款演讲，他逐渐拥有了自己的人脉关系，也有了良好的政绩，一路扶摇直上，平步青云，从悬崖边上，他飞上了蓝天。

要想做出一番事业，就要敢于给自己一片悬崖。当我们面对悬崖，身后无退路的时候，会迸发出所有的能量。俞敏洪正是离开北大，没有"钱"途的时候，才把所有的激情都投入了创业当中，最后成就了新东方。

给自己一片悬崖，就是让自己脱离安逸的状态。有很多人陶醉于安逸之中，逐渐变得懒惰。他们觉得努力工作并非当前的主要任务，因为生活已经足够好了，没有必要有更大的志向。这种心态是取得巨大成就的最大障碍，归根结底，是安逸的生活毁了他们的未来。

很多人害怕在那种悬崖上跌下去，所以总是选择最为保险的奋斗方式，这样很难取得很高的成就。因为如果我们生活安逸，奋斗的道路上没有挑战，留有很大的退路，我们努力的动力也就随之小了。

彼得·巴菲特并没有为笼罩在父亲的光环之下感到困扰。在很多人眼中，作为"股神之子"，彼得的人生起点确实跟别人不同，他没有谋生的压力，更加容易投身于自己的梦想中。然而，彼得却并不这么认为，他放弃了安逸的生活，选择了一条属于自己的奋斗之路。

他说："我离开大学校园后，我必须去谋生，比如我要为电台的商业广告谱曲。刚开始自己的职业生涯时，我只有很小一笔钱。那时，我

第六章
不畏惧，刀架在脖子上也不退缩

必须想尽办法过一种完全独立的生活，不仅要还房贷，还有音乐设备等贷款要还，不过我认为这是人生必经的历练。"彼得的"股神"老爸也说："彼得的人生全凭他自己打造。"

彼得·巴菲特无疑是世界上"最有名的富二代"，他的父亲也不打算把巨额财产留给他，他也保持了自己的斗志，他说："如果'富二代'不理解自己的幸运所在，也不想因此而回报这个世界，这对他个人和世界而言，都是一种悲哀。同样，如果'富二代'只关注外在的幸福，高档车、豪宅、巨额财富，他们将无法理解真正的自我价值所在，也无法以有意义的方式，给世界留下光辉的一笔。"

在彼得·巴菲特的脸上，人们根本看不见出身富贵的自豪。但恰恰因为这样，他才取得了自己的成就。通过自己的努力，他成为了一名作曲家和音乐人。他曾为奥斯卡获奖影片《与狼共舞》配插曲，后来又争取到为电视连续短剧《500国家》配乐的机会，并因此获得了艾美奖。

很多悬崖是生活强加给我们的，生活让我们处于困境，让我们四目迷茫，这个时候，我们的潜能会被无限地激发出来。琼斯一次挑水时，摔伤了颈椎，造成了四肢瘫痪。她因此而处于极度的痛苦中，对于生活失去了信心，但是她最终因为家人朋友的关怀而重新振作了起来，并开始用嘴巴写字、作画，最后成为了一名著名的画家……

古人说："置之死地而后生。"我们每个人身上都有无穷的潜力，生活不会给我们每个人的一生中都安排一段悬崖，也不会给我们的人生中处处设置障碍，因此，很多时候我们需要把自己放在悬崖上面，让自己去接受更大的挑战，断绝退路，我们的潜能才能被更大的挖掘出来。

也许，我们已经取得过辉煌的成绩，也许我们过去的努力已经让我们获得了安逸的生活，如果我们不甘于现状，就要敢于抛弃过去，再次让自己濒临悬崖，去面对新的挑战。

能创新,创新是赖以生存的方法

47、创造力,伟大与平庸的分水岭　　　　>>>

有人曾经这么评价美国历史上的3位总统:"1933年,美国总统罗斯福利用广播赢得了总统宝座;1960年, 美国总统肯尼迪利用电视辩论,赢得了总统大位;2008年,奥巴马利用互联网,赢得了总统选举。"

奥巴马是一位极有创造力的总统,且不提奥巴马提出了一系列具有创造力的改革政策,在选举过程中,他顺应时代潮流,创造了利用网络竞选的全新的竞选策略。要想在总统竞选中拿到更多的支持,就要使得美国人民对于候选人有充分了解,网络无疑是当今社会最为行之有效的传播信息的手段。

随着互联网进入一个社交时期,社交网络决定了选民和谁站在一起。当网民在网络上接触到了候选人更多的信息,对候选人有更为充分的了解后,便会选择站队。奥巴马深知社交网络的巨大力量。他网罗了一大批网络营销专家,让自己的信息覆盖在网络各处,以期人们对他有更充分的了解。

著名社交网站开设并经营着奥巴马的竞选网站,网站使得奥巴马募集到了大量的捐款,该网站被普遍认为对奥巴马的胜选起到了决定性作用。

一个名叫乔·安东尼的奥巴马的"粉丝",凭借着一己之力,通过网络为奥巴马收敛了16万人的支持……

通过利用网络竞选的手段,奥巴马吸引了成千上万的美国民众加入到了宣传攻势中,他们群策群力,奉献时间和金钱。一旦奥巴马处于劣势,他们就更为活跃地为其宣传。利用这样一个平台,奥巴马和他的支持者之间形成了一种直接而迅捷的联系。在大选日,互联网成为了奥巴马的电子监票人,一整天的时间里,奥巴马的支持者互相联系、互相提醒,以确保投票……

奥巴马创造性的选举策略被很多人称赞,一些营销人士说:"美国总统的竞选史,实际是一部营销的革命史。"

创造力非常重要,美国《商业周刊》曾经推出一本名叫《21世纪的公司》的特辑,其中写道:"21世纪的经济是创造力经济,创造力是推动财富增长的唯一动力,创造力是现代企业中许多卓越人物的成功秘诀,过去几十年社会的种种进步,都是源于人类的一种无法预测的创造力。"

创造力的价值远远超越经验,有时候创造力比知识更加重要。美国圣地亚哥的克特立旅馆的管理人员觉得电梯太小,需要扩建,于是找了一批工程师来讨论。工程师的方案是:首先破坏部分建筑,从地下室到顶楼,一路挖一个"大洞"。一个清洁工听到了他们的谈论,便说:"为什么不在旅馆的外面修电梯呢?"清洁工的建议被采纳,克特立旅馆成为了采用室外电梯的发源地。

美国有一家生产牙膏的公司,产品非常棒,包装也非常精美,深受广大消费者的喜爱。因此,公司的营业额年年增长。公司统计,每年的营业额增长率为10%—20%,这令公司的董事们非常高兴。

然而,进入到第11年、第12年、第13年时,牙膏的销售量突然停滞下来,每月销售量总是维持在原来的数字上。董事们对这3年的业绩感到非常不满意,便召开了公司的高层会议,商讨对策。

第七章
能创新，创新是赖以生存的方法

会议中，有一个年轻的经理站了起来，对公司的总经理说："我有一个建议可以让公司的营业额继续增长，但您若采用我的建议，必须要另外付给我4万美元。"

总经理听了之后，有点儿生气："我每个月都付给你薪水，还经常给你奖金提成，现在开会讨论这件公司事务，你竟然要求另外的报酬，是不是太过分了？"

年轻人说道："我平时的工作是对您给我的奖金和公司的报偿，这是一个重大的很有创造力的建议，您应该另外付钱。如果我的建议行不通，您不采纳，也不用付钱给我。"

总经理听了之后，便说："好，你说出来，我看它到底值不值得4万美元。"

年轻人说道："使牙膏开口的直径扩大1毫米。"

总经理听后，立刻签了一张4万美元的支票给了年轻人。随即，他下令更换新的包装。

该公司第14个年头的营业额增长了30%。

创造力是指产生新思想、发现和创造新事物的能力，它是伟大和平庸的分水岭。一个没有创造力，或者拘泥于死板的人，一定会被击败。在创新主导的社会上，很多没有创造活力的大公司都被后起之秀的新颖创意所取代，而那些长久占有市场份额的公司都靠着创造力维持着自己的生命活力，并逐步发展。2011年，当当网最得意的创新之作就是推出电子书平台"数字书刊"。当当网是中国最大的中文网上书店，其首席执行官李国庆说："创新就是敢不敢革自己的命。"

美国最著名的科普作家、科幻小说家艾萨克·阿西莫夫说："创新是科学房屋的生命力。"不仅仅科学领域需要创新，创造力对于我们的每一项工作都有作用，一个有创造力的人总是能够提出建设性的意见,能够在一个课题或一项工作上取得突破。创新的关键在于"创",而"创"是一种精神。只有敢于想、敢于闯、敢于干,有创新的勇气和精神,才能开辟新领域,创出新天地。

48、勿做他人"跟班"　　　　　　　　　>>>

在2008年的美国总统竞选中,奥巴马提出的各种政策都与前总统布什的政策形成了鲜明的对比,他知道自己要想有所作为,就不能成为他人的"跟班",他所面临的形式也不容许他做"跟班"。

美国总统大选实际上就是一种竞赛,要想获得最后的胜利,就不能跟在竞争对手的身后。奥巴马懂得这个道理,因此,在竞选过程中,他也不做"跟班",总是尝试走出一种自己的道路,利用自己的优势压制对手,让自己在被动的时候转为主动。

在大选中,麦凯恩和奥巴马各有不同的优势。麦凯恩是越战老兵和资深参议员,在军事和外交政策上的经验是他在竞选中一直竭力吹捧的。为了向美国人民展示他的优势,麦凯恩于2008年3月中旬抵达伊拉克,开始了他获得总统候选人提名的首次外交之旅。作为参议员委员会主席,麦凯恩是布什政府推行伊拉克政策的坚定支持者和推动者。

为了证明自己的外交能力,奥巴马也开始了他的中东和西欧之旅。而中东之旅的第一站,奥巴马未做麦凯恩的"跟班",他选择了塔利班和"基地"组织"重镇"阿富汗。他阐明了自己的政见:阿富汗才是真

第七章
能创新,创新是赖以生存的方法

正的问题所在。必须从伊拉克撤军,同时出兵阿富汗。

在麦凯恩的欧洲之行中,没有到访德国。而奥巴马的西欧之行的首站目的地却选择了德国。他有着自己的思考:历任美国总统都没有把德国作为欧洲最重要的战略伙伴,他希望通过德国之行,吸引更多的报道和关注,除此之外,德裔白人的比率居美国各类白人比率之首,德国之行必然会引起选民的好感。事实证明:20万名柏林观众推动的"奥巴马飓风"席卷了整个欧洲,奥巴马的声誉在国际上越发提高。

奥巴马的"另类"出访让他获得了比较高的民意支持率,据盖洛普民意调查结果显示,出访之前,奥巴马仅仅领先麦凯恩两个百分点,出访之后,奥巴马领先了麦凯恩6个百分点。

从来没有人告诉过奥巴马,总统该怎么做,选举该怎么搞,尽管之前有很多人走上了总统的宝座,奥巴马还是通过自己的方式赢得了自己的辉煌。

我们做事总是喜欢寻找先例,别人没有做过,我们可能会觉得自己有点儿"另类",或是因为害怕别人的嘲笑,或是因为害怕结局没有保障,就不敢首开先河。然而,如果我们总是拘泥于这种思想,人生就无法变得更加精彩,即使做到最好,也永远只是"老二"。

但是,"老二"是做不成的,因为别人的成功模式无法复制。每一个人都有每一个人的不同优势,面临的问题也很不一样,总是"跟班",往往会造成"邯郸学步"的后果。洛克菲勒说过:"想要取得成功,就应该另辟新径,不要沿着成功的老路走。即使把我扔在沙漠里,但只要给我一点时间,让一支商队从我身边经过,那要不了多久,我依然会成为亿万富翁。"

有人说:"乔布斯拥有无与伦比的想象力,这是上天赐予他的最好的礼物。"所有的苹果产品,都是乔布斯用自己的想象力创造出来的,他从未做别人的"跟班",从未去量产别人的创意,而是永远走在前面,引领市场。

比如苹果最知名的iphone,当全世界都在开发触屏手机的时候,都把屏幕下面的键盘保留着,谁也不曾想下面的键盘去掉会怎么样。但是乔布斯想到了,把整部手机正面只留了一个按键,并且把手机做得极为精致,然后告诉消费者,这就是潮流和时尚,从而引发了全世界的智能手机大战。

乔布斯在年轻的时候就擅长天马行空地想象:以后每一个家庭会拥有一台电脑,以后的电脑会变得跟记事本一样薄,以后的电影可以用计算机来制作……这些在当时看来犹如天方夜谭的想法,乔布斯一点一点地做着努力。当他设计出来的产品让大家震惊的时候,就引发了全球抢购的风潮,苹果公司的市值也达到了上千亿,乔布斯也就成了传奇。

有人说,在网络信息技术高速发展的今天,很多人都放弃了思考。别人说在淘宝上开个小店赚钱,于是就一窝蜂地去淘宝注册开店;别人说炒股赚钱,于是就毫不犹豫跳入股市;别人说,学计算机专业工资高,于是就铁定要学计算机……而从不静下心来分析分析这条路是否适合自己。

多数人去做的不一定就是对的,更不一定就是适合你的。我们要做自己,不要跟随别人的标准,就像诺基亚的广告理念"不追随"。李开复曾经讲过一句话很经典:我只跟随我的心。《明朝那些事儿》的作者当年明月曾说:"成功只有一个——按照自己的方式,去度过人生。"不管别人向左还是向右,我们都应该循着自己内心的方向向前,才不会迷失人生。

49、求变求新才能不断进取　　　　　　　>>>

由奥巴马本人授权、亲笔作序的《我们相信变革》一书,在美国一上市就荣登亚马逊网站畅销书榜前列,受到社会各界的关注。2009年,这本书在中国也得到大卖。在书中,奥巴马就说道:"我们面对的问题已经不是过去的政策所能解决的,也不是照搬'新政'能够解决的,我们必须走一条全新的道路,我们必须变革。"

奥巴马相信,只有求变求新,才能不断进取。这本书中详细地讲述了变革的意义和价值,并且详细阐述了各个需要变革的领域:摆脱经济衰退,使得美国重新成为全球经济的领头羊,必须坚持变革推动经济发展,为所有的美国人创造机遇……

奥巴马上任之前的美国正逐步失去科技主导的地位,在所有工业化国家中,美国在国家科学、数学竞赛方面的分数并不是很高。在过去几十年中,美国政府对物理、数学和工程科学的资助日益减少,其他国家却在大力增加相关研发经费。

奥巴马认为,为了创建全面的繁荣景象,美国不能失去技术竞争能力。2009年,上任伊始,奥巴马就着手推动科技创新。他承诺对21世纪新一代的创新者进行投资和授权,确保他们能够拥有需要的资源以在全球经济中竞争。

提高美国人民健康水平需要求变求新,具体措施如下:加快医学研究成果产出公共卫生效益的转换过程;提高干细胞研究水平;利用基因组研究成果促进医学发展;关注疾病预防与健康发展。

加快美国国家和国土安全需要求变求新,具体措施如下:恢复美国国防部高级研究计划局对前沿技术研究支持的关键作用;加快新药品、新疫苗的研发及其向生物防御领域的应用;支持网络安全研发;提高美国的生产制造能力,保障美国的长远安全……

重塑美国制造业领域领导地位需要求变求新,具体措施:发展下一代制造技术;对"制造业发展伙伴关系计划"的支持经费翻番。

信息技术需要求变求新:大力支持基础和应用信息研究计划;提高对联邦政府基础设施建设的科技投入,建设"21世纪"的科技政府……

为了国家的不断进取,奥巴马提出了一系列求变求新和支持求变求新的政策。对于我们每个人来讲,也需要不断地求变求新,才能让我们的层次逐渐提高。在信息社会,如果不经常更新自己的知识,往往就会感到自己跟不上时代的潮流。

只有不断在原有的基础上取得创新,才能让自己永远立于不败之地。有些人在取得一定成就的情况下,因为自恃已有的成绩,就不愿意再继续创新,然而,停下自己创新的脚步,却无法阻止别人创新的脚步,一旦别人有更好的创意,有更有趣的想法,不思进取的人就会有被淘汰的危险。

人们以前常说历史上有3个改变世界的"苹果":诱惑了夏娃的苹果、掉落在牛顿头上的苹果和乔布斯的苹果公司。

苹果的出现无疑颠覆了人们的观念,这和乔布斯一直奉行的特立独行与坚持不断创新的策略是分不开的。乔布斯说:"如果你做了一些还不错的事情,你应该继续做一些更好的,而不要停留太久,要不停地想下一步。"

第七章
能创新,创新是赖以生存的方法

苹果的成就来自于不断地创新,当智能手机刚刚崭露头角的时候,当诺基亚还霸占着绝大多数手机市场份额的时候,苹果毅然凭借iPhone一种触摸带来的时尚元素跻身智能手机行列,并且独创的APPStore模式更是带来一种新的市场变革,让一度占据绝对话语权的移动运营商不得不低下高傲的头颅。

美国有媒体评论称,乔布斯和苹果改变了世界"玩"的方式,将现有的创意变为主流的应用。苹果创造的不仅是技术革新,还是文化革新。苹果是"聪明代码和极致美学的完美结合,是心理学、行为科学和哲学等各领域的前沿结晶"。

有时候,创新需要我们勇于否定权威。没有绝对的真理,当我们敢于突破,在"权威"的基础上,同样可以继续进取。1900年,著名教授普朗克和儿子在花园里散步,他突然沮丧地对儿子说:"孩子,十分遗憾,今天有个发现。它和牛顿的发现同样重要。"他提出了量子力学假设及普朗克公式。然而,这一发现却相悖于他崇拜的牛顿的权威理论。他便宣布取消了自己的假设。

直到多年以后,有着极强求变求新精神的爱因斯坦,大胆地赞赏普朗克的假设,并引申了这个理论,提出了光量子理论,进而奠定了量子力学的基础。随后,爱因斯坦又打破了牛顿的绝对时间和空间的理论,创立了震惊世界的相对论。

只有求变求新,才能让我们不断进取。哥白尼提出"日心说"理论,莱特兄弟发明飞机,海尔在世界上不断开拓市场……都离不开不断求变求新的精神。我们想要自己的人生有所作为,就应让自己保持这种精神。

50、善于思考，别让大脑闲置　　　　　>>>

　　在大选中，金融危机袭来，麦凯恩采取了以退为进的策略，他承认危机，然后便迅速将选民的目光集中在挽救经济危机之上，提出把竞选放在次要位置，建议双方停止竞选活动，回到华盛顿与布什总统共同商议解决危机的方案。

　　奥巴马这么思考这个问题：如果接受了麦凯恩的意见，他就会丧失主动地位，被麦凯恩牵着鼻子走；如果不接受麦凯恩的意见，他就会给选民留下自私自利，只想赢得选举的印象。经过客观分析之后，奥巴马找到了另外的一条对策。

　　奥巴马对外宣布说："这是麦凯恩将国会和选举混为一谈的迷惑选民的做法，只要布什总统提出磋商，我自然会回到华盛顿尽到自己的职责。"

　　发表了这一番话之后，奥巴马参加了布什总统举行的协调会。随后，他发布了对共和党的谴责，因为众议员的第一次表决中，居少数派的共和党对布什总统的提议投了更多的反对票。他一针见血地指出："麦凯恩的说辞冠冕堂皇，但他的协调效果却非常有限，他没有领导美国的能力。"

　　在行动中能够冷静思考问题，让奥巴马多次转危为安，化被动为主动。胜负已分之后，《时代》周刊如此评价：在与老牌政客、战斗英雄麦凯恩的竞争中，奥巴马显示出情绪的稳定和决策过程的慎重，是他参与政治的最大优点，也是制胜的关键。

第七章
能创新,创新是赖以生存的方法

　　善于思考对于一个成功人士来说是必要品质。最早完成原子弹核裂变实验的英国著名物理学家卢瑟福曾经问自己的一名学生:"这么晚了,你还在干什么?"学生回答:"我在工作。"卢瑟福又问道:"那你白天的时候干什么呢?"学生回答:"也在工作。"于是卢瑟福问:"这样一来,你什么时候是用来思考的呢?"

　　其实工作的过程也并不影响我们思考,当我们忙碌时,如果没有伴随着理智的思考,我们的工作常常会忙而无效,做出的将是很多无用功。善于思考,别让大脑闲置下来,才能取得成绩。

　　牛顿23岁时,伦敦发生了鼠疫。剑桥大学为了预防学生感染,便暂时关闭了学校。牛顿回到故乡,却从来没有停止过思考。万有引力、微积分、光的分析等等基础工作,都是在这个时期完成的。

　　当乡下的孩子用投石器把石头抛得很远的时候,他就开始思考:是什么力量使得投石器里的石头在空中转动的时候掉不下来呢?他想到了伽利略的思想,他从浩瀚的宇宙太空,从行星、月球到地球,进行复杂的思考。他想到这些物体的相互作用,进而,他扎进了"力"的计算和验证中。通过计算太阳系各行星的行动规律,他首先推求出了月球与地球的距离,后来又推翻了自己的计算……

　　牛顿反复地辛勤地思考着,整整经过了7年,他37岁时,著名的"万有引力定律"被全面证明了出来,这一理论奠定了天文学、天体力学的理论基础。

　　牛顿对光进行了思考研究,发现了颜色的根源。有一回,他用自制的望远镜观察天体,但无论怎么调整镜片,视点总是不清晰,他思考着:可能与光线的折射有关。于是,他开始了实验。实验结果让他得出结论:世界万物所有的颜色,并非其本身的颜色,而是吸收它所接受的颜色。这一学说准确地道出颜色的根源,世界上自古以来所出现的各种颜色学说都被推翻了。

我们通过自己的勤奋努力去死记硬背别人的东西,会让我们知道很多知识,但那些知识并不是真正属于我们的知识,真正的知识是通过自身努力的思考而得到的。我们的一言一行都需要思考,只有自己思考出来的结论,才能够真正指引着我们向着正确的方向前进。

孟子曾经说过:"劳心者治人,劳力者治于人。"许多人没有思考的习惯,遇到事情可能只是凭着直觉去做事,这样的人很容易受到情绪的影响,别人的言论也有可能会让他不知所措,最终,便会落入"治于人"的境地中。

51、更新思想,不被经验束缚 >>>

2008年,奥巴马参与总统竞选时面临的经济形势,用他自己的话讲,是这样的:"数月以来,美国的经济状况一直是头条新闻,情况不容乐观。次贷危机使得房地产市场一路下滑并导致了更大范围的信贷市场收缩。仅仅今年我们失去的就业岗位就高达36万之多,失业率也创下了自1986年2月以来单月之最大增幅。人民收入跟不上飞涨的医疗保险费用和大学生的学费,油价和食品价格的最高纪录使得众多家庭举步维艰……"

在这样的情况下,奥巴马提出了"变革"主题。他知道每个时代有每个时代的特点,他知道"我们面临的是一个具有挑战性的时代",因此,他并没有被过去的治国经验束缚:"我们不能简单地重复过去的策略，因为我们生活在一个经济大变革的时代……"

对于经济问题，奥巴马不拘泥于从经验中寻找解决的方法；对于军事问题，奥巴马也在更新美国思想。2008年5月28日，麦凯恩邀请奥巴马与他一起访问伊拉克，亲眼去看看那里的实际情况。

当日，奥巴马回击说："我觉得麦凯恩和布什政府在对外政策上没有什么可说的，所以他们就转移话题，避重就轻。我不去伊拉克是因为我不想卷入一场政治秀，如果我选择去伊拉克，也是去和我们的部队及指挥官对话，而不是去捞取政治资本的。"

麦凯恩听到这一番话，随即宣称："奥巴马没有认识到伊拉克战争的重要性，他只是根据自己的想象而非看到的事实做出决定。而且，他缺乏做出决定的智慧和经验。总统要学会倾听和学习，总统必须要做出决定，不管受不受欢迎。"

在一次演讲中，奥巴马说："当麦凯恩承诺延续美国在伊拉克的政策时，这不是变革。要知道布什总统的对伊政策，只要求我们勇敢的战士们一味地付出，却从来不向伊拉克的政客们施压。这种政策的目标仅仅是要寻找继续这种政策的理由。尽管我们每个月都要支付数十亿美元的费用，美国人的安全感却丝毫没有增加。"

结果证明，他全新的军事政策得到了人民的拥戴。

很多人都曾批评奥巴马缺乏经验，但奥巴马了解美国的历史，了解美国的"经验"，他敢于提出全新的思路，不被经验束缚，这就是他成功的原因。

经验可能是错的，有些时候，因为我们错误地吸取了"经验"，而没有注意到问题的前提或者变量根本不同，最终导致失败的结果。著名的《伊索寓言》里有个驴子过河的故事：一头驴子，驮着盐过河，摔倒在水里,无法站立起来,便索性躺在水里休息。过了一段时间,驴子觉得背上的盐越来越轻,最后毫不费力地站了起来。驴子为自己获得宝贵的经验而高兴。后来,又有一次,驴子驮着大包棉花走在路上,为使背上也像上次一样变得轻一些,便倒在水里休息,然而这一次,驴子却再也没能站起来。

有人说:"世界变化很快,稍不注意,我们就会被时代的浪潮甩在后面。我们要敢于更新自己的思想,随时代制定不同的策略。"很多伟大的思想都是冲破了束缚,不拘泥于经验而产生的,很多大企业家的成功也是冲破了经验模式,不断寻找并利用新的经营模式而取得的。

麦当劳曾经凭借几十年的经验建立了标准化的作业流程,这个作业流程使得麦当劳很快发展成为了超级企业,实现了跨国经营,并使效益极佳。然而,到了20世纪90年代末期,麦当劳陷入了危机。根据美国餐饮协会1999年的调查:1998年,全球拥有24800家连锁店的麦当劳消费者排在全美91家快餐连锁店中的第87位,麦当劳成为了美国最糟糕的快餐连锁店之一。

新任的首席执行官格里伯格上任后,决定冲破经验的枷锁,实行了对原有模式大刀阔斧的改革。他提出了新颖的策略,并在很多方面做文章。他首先结合所在地消费者的口味进行了花样翻新,并策划了名为"为您定做"的新型制作工艺,同时制订了全新的菜单。他还仔细思考了食品保鲜的问题,食品加工完之后,麦当劳不再把食品放入影响最佳口感的保温箱中,而是在食品最合理的温度时,送给顾客食用。

经过这些改革,麦当劳的顾客又被重新吸引了回来,并吸引了很多新的顾客。

　　人们往往因为懒惰,不肯多动脑筋,有经验可循的时候往往毫不犹豫地照搬,但一切的事物都是处于不断变化中的,用僵化和固定的观点认识外界的事物是不可取的,只有不断地去了解新的形势,并依靠新的形势作出新的判断,才能让自己不断取得满意的结果。

　　为了让自己拥有冲破经验、不断更新自己思想的品质,我们应该养成善于学习、乐于思考的习惯。李嘉诚说过:"经验是负债,学习是资产,知识改变命运,学习才能保证未来。"学习是对事物的一种深入的研究,有时候,我们所了解的"经验"只不过是事物的表面,还有很多内在的东西是我们所不了解的,只有不断地学习和深入研究才能找到事物的本质,这样才能确保做事取得成功。

52、跳出自己的思维定势　　　　　　>>>

　　1991年,奥巴马还在哈佛大学担任《哈佛法学评论》总编时,他撰写的编辑意见就给麦康奈尔留下了很深的印象,等奥巴马到了芝加哥,麦康奈尔立刻向奥巴马发出了聘请他做兼职的邀请。1996年,奥巴马被提升为法学院高级讲师,这是只有少数兼职教学的联邦法官才能得到的头衔。

　　20世纪90年代,统计学分析方法在芝加哥大学大行其道,法学教授们也开始用精确的数字分析方法来分析法律实施的效用,这使得法学院本就严谨的学风变得更加严肃和古板了。但奥巴马却没有被这种数字分析方法束缚住,他给学生上课时保持着自己的情调,经常在课堂上与学生积极互动,总是能够很快地跳出自己的思维定势,他可以

没什么不可以

奥巴马给年轻人的 88 堂课

在这一分钟里一脸严肃地讲解某个案例，下一分钟里就可以和大家一起轻松快活地讨论经典黑帮电影《教父》。

在芝加哥大学，奥巴马养成了经常转换思维的习惯，并且，他经常鼓励学生跳出自己的思维定势。有时候，他会用一些近乎挑拨的方式激发学生的讨论热情。有一次，他向学生们提问："为什么你们的朋友在房屋建造计划上争吵不休呢？"还有一次，他问在座的学生："用什么方法可以补偿以往的种族偏见受害者，而不仅仅是补偿现有的受害者？"……通过对学生抛出的一系列问题，他自己也陷入思考之中。

他从不固守自己的思维模式，经常倾听尽可能多的声音，让自己思考更多。在与教授们的交流上，充分体现了这一点。

有一次，教授们讨论一项关于是否应该允许警察驱散无故在夜间聚会的人群的法律时，奥巴马一言不发，他认真地聆听着教授们用事实和理论为自己的观点做辩护。一个教授问他的看法，奥巴马思索片刻之后，做了谨慎的回答，却没有明确支持任何一方……

正是这一段经历，奥巴马养成了不固守自己思维定势的习惯，让自己变得更加睿智。当时芝加哥自由派教授理查德·爱泼斯坦说："奥巴马是一个聪明的聆听者，一个睿智的质问者。"

我们做日常生活中的一些小事，总是以生活惯性去做，其实，很多人都并不明白其中原因。对于那些熟悉的生活场面和生活现象，很少有人去思考，经年累月，不仅容易使人感到厌倦，而且会麻痹人的创造能力，影响潜能的发挥。当人们遇见新事物时，便会不知所措。

其实，再完美的东西，也有改良的空间。像奥巴马一样养成思考的习惯，不要在思维定势里打转非常重要。跳出自己的思维定势，很重要的一点是敢于质疑，敢于提问，伽利略敢于质疑亚里士多德的理论，在

第七章
能创新,创新是赖以生存的方法

他之前,几乎所有人都没有怀疑过亚里士多德,正是他以不同的角度看待事物,思考问题本质,才推翻了亚里士多德"物体从高空落下的快慢同物体的重量成正比,重者下落快,轻者下落慢"的理论。抱着这种敢于质疑的精神,他取得了自己在科学上的成就。

时代在不断变化和发展,新事物在不断形成,对于问题的解决方式自然也不能墨守成规,而是需要我们不断创新和与时俱进,才能让自己不落后于时代的脚步。在这之中,用变化的思维看待问题则显得更加重要。

在一次研究人的创造性思维的会议上,一位与会者拿出一个曲别针,问在座的所有人:"曲别针有多少种用途?"

大家议论纷纷,有人说就是别衣服,有人则说有三十多种用途,甚至有人说曲别针有三百多种用途。突然,有个人站起来,对着与会者说:"我明天将发表一个观点,证明这个曲别针可以有亿万种用途!"

与会者全都震惊了。

这个人以自己不断变化的思维阐明了曲别针的用途:曲别针由于有相同的质量,可以做各种砝码;作为一个金属物,曲别针可以和各种酸类及其他化学物质产生反应;曲别针可以变成英文、拉丁文、俄文字母……

这正是一个以变化的思维看待问题的例子。当生活中需要一小片金属的时候,衣服上别了一根曲别针,没有这种思维的人就无法寻找到曲别针来替代。对于生活中随处可见的事物,我们往往失去认知。如果我们跳出自己的思维定势,就会发现,很多东西都是可以互相替代的。

一个人的经验和阅历总在不断地积累增多,其实这些东西有可能正是我们思维中的"条条框框",只有放弃这些条条框框,从新的角度去看待旧的事物,才能让我们对问题的认识更加丰富,更加全面。

　　跳出自己的思维定势,要求我们善于运用问题现场所提供的条件,因地制宜地解决问题,不要遇到问题就生搬硬套已有的解决模式,要考虑到实际的状况。遇见问题,更不能人云亦云,越是更多的人能够想到的,越有可能是集体从众或者集体经验的错误,应以全新的角度去考量,以自己的智慧去思考。

53、要有高瞻远瞩的超前能力　　　　>>>

　　奥巴马与罗姆尼在第二场总统候选人辩论会上,同时面临了大学生杰洛米提出的所有中产阶级都关心的就业问题。罗姆尼首先回答称,奥巴马政府让财政赤字高涨,这意味着,更多的工作岗位流失。他随后列举了自己为创造工作岗位制订的计划,并对杰洛米许诺:"如果我当选总统,两年后你毕业时肯定能找到工作。"

　　奥巴马随即对罗姆尼的说辞进行了回击,并说道:"我的就业计划面向更光明的未来,通过扶助美国制造业、发展教育和能源独立等手段,你和美国的未来都将非常光明。"在此次辩论中,奥巴马多次强调:罗姆尼的政策缺乏远见,没有立足于美国更为长远的未来。

　　奥巴马具有高瞻远瞩的超前能力,他的气候政策充分证明了这一点。在第二次就职演说中,奥巴马热情洋溢地说道:"我们将应对气候变化的威胁,认识到不采取措施应对气候变化就是对我们的孩子和后代的背叛。一些人可能仍在否定科学界的压倒性判断,但没有人能够避免熊熊火灾、严重旱灾、更强力风暴带来的灾难性打击。通向可再生能源利用的道路是漫长的,有时是困难的。但美国不能抵制这种趋势,我们必须引领这种趋势。"

奥巴马的气候政策得到了很多有远见卓识的人的支持,在2008年的大选中,美国科学界数十位诺贝尔奖获得者宣布支持奥巴马,诺贝尔医学奖获得者、美国纽约纪念斯隆-凯特琳癌症中心主任,同时也是奥巴马竞选顾问的Harold Varmus说:"奥巴马许诺的对基础性研究资助是持久而可预见的增加。"

2012年时,纽约市市长布隆伯格表态支持奥巴马,他说:"奥巴马采取了重要措施以抑制碳排放,而罗姆尼在气候变化问题上的立场则摇摆不定。"

奥巴马的政策着眼未来,不仅仅表现为他对于气候问题的态度,他还"鼓励创新、改善教育并重建科学诚信"。

里根也是一位具有长远眼光的总统, 里根任职美国总统之前,美国的经济问题也非常严重,国内通胀率很高,里根制订了独具特色的"放任主义"政策,很多人批评他的政策将损害人民的利益,有人甚至称他的政策是"劫贫济富",但他着眼长远,政策实施后,美国经济在历经1981~1982年的急剧衰退后, 于1982年开始了非常茁壮的经济成长。最底层的贫穷人口的收入提升了6%,最富有的人也增加了收入。

美国作家唐·多曼在《事业革命》一书中说:"把眼光放长远是踏上成功之路的一条秘诀。"成大事者是具有远见的人,因为只有把目光盯在远处,才能有大志向、大决心和大行动。做事要高瞻远瞩,做长远打算,不要总是想着既得利益,有未来才是真正的远见卓识。

能不能做到放眼长远,预见未来,对于一个要想取得成功的人来说，无疑是非常重要的。如果我们只懂得精于眼前利益，那么就犹如"一叶障目"，眼前的小利也许发展到最后会给我们带来更大的损失。比如有人在金钱和人脉面前会选择眼前的金钱，而不懂得经营人脉；有人在暂时的安逸和辛苦面前往往会选择安逸的生活，而不懂得辛勤奋斗一段时间之后能够得到更好的未来……

盛大网络公司在纳斯达克上市后，陈天桥凭借65%的公司股份坐拥88亿元人民币。他只用了5年时间就登上了2004年胡润IT富豪排行榜，原因就是因为他具有长远眼光，他没有迷上网络游戏，而是在这里找到了创业的点子；俞敏洪的新东方选择了在美国上市，他说："在美国上市，新东方就成了一个国际化的企业。"这同样是一种高瞻远瞩。

只有具有了高瞻远瞩的眼光，才能获取长远大利。一定意义上讲，高瞻远瞩就是顾全大局，人生如下棋，能顾全大局的人总是会有大的收获，不管是利益还是经验上获取的东西都要比常人多得多。

54、简单思考是一种大智慧 　　　　>>>

奥巴马在学习演讲的时候发现这样一个问题：成功的演说者所讲的内容往往是听众感兴趣的，并且，他们在演讲时都会尊重听众的感受，迎合他们的口味，只有这样才会引起人们的情感共鸣，从而得到想要的支持。过去，奥巴马总是把演讲想得太复杂，按照他的学生的说法就是："过去的奥巴马教授可以把一个问题无限复杂化，现在他谈论问题简单明了。"

很多人把政治想象得非常复杂，其实政治很简单，用最简单的思考方式,用简单的处理手段,就能解决很多问题。因为政治是一个面向民众的东西,只有简单的东西,民众才能够懂,只有简洁的口号,民众才能够记住。奥巴马深明政治,因此他始终贯彻着"简单思考"这一信条。

生活中的其他问题也是一样,其实并没有我们想象得那么复杂,它们只存在简单的因果关系,就好比,我们饿了需要吃饭,渴了需要喝水一样。很多人做事之前往往会这么分析:做这件事情需要魄力,需要勇气,需要很强的执行力,需要冷静和应对突发事件的能力……然后再分析自身的特点,看自己具备不具备这种种能力。其实,与其把问题如此复杂化,倒不如简单地分析一下问题的前因后果,直接去做。

琼斯大学毕业之后如愿进入当地的《明星报》任记者,很快,她便接到了一个重要任务:采访大法官布兰代斯。

接到这样的重要任务,琼斯并没有欣喜若狂,而是感到非常苦恼。她想:自己任职的报纸不是一流的报纸,自己也只是一个刚刚出道、名不见经传的小记者,布兰代斯这样的人物怎么会接受她的采访呢? 她的同事史蒂芬得知她的心事之后,便来安慰她:"我很理解你。你就像躲在阴暗的房子里,想象外面的阳光多么强烈。其实,要知道阳光多么强烈,最简单有效的办法就是跨出去看看。"

史蒂芬拿起琼斯桌上的电话,查询出布兰代斯办公室的电话号码,很快就与大法官的秘书接上了信号。接下来,史蒂芬直截了当地说:"我是《明星报》新闻部记者琼斯,奉命访问法官,不知道他什么时候有时间接见我呢?"

旁边的琼斯吓了一跳。

史蒂芬一边接电话,一边不忘抽空向目瞪口呆的琼斯扮个鬼脸。接着,琼斯听到了对方的答话:"谢谢你。明天1点15分,我准时到。"

"瞧，直接向人说出你的想法，不就管用了吗？"史蒂芬向琼斯扬扬话筒，"明天中午1点15分，你的约会定好了。"一直在旁边看着整个过程的琼斯面色放缓，似有所悟。

多年以后，昔日羞怯的琼斯已成为了《明星报》的台柱记者。回顾此事，她仍觉得刻骨铭心："从那时起，我学会了单刀直入的办法，那些我们想象中的困难和麻烦根本不存在，一切其实只是那么简单。"

简单思考是一种大智慧。事物呈现在我们面前的形态往往是复杂的，有很多人容易被外界的各种乱象所迷惑，总是感觉无从下手、束手无策；或者靠着坚持，千辛万苦地把问题解决了，而其中走了很多弯路、花费了很大的精力。其实，在面对复杂的事物时，我们首先要学会静思，理清其脉络后再去寻找解决问题的方法。

有人说过这么一句话："聪明的人善于把复杂的事情简单化，只有愚蠢的人才会把简单的事情复杂化。"把简单的问题复杂化会让自己丧失勇气，让自己在本来简单的问题中理不清头绪，最终让自己无法完成自己想做的事情。反之，把复杂的问题简单化，可以帮助我们找到一种简单的思考方式，把问题归纳出来，一步一步地去做，就能很容易走向成功。

【第八章】

有责任, 人生因承担责任而充实

55、用责任心感召民众　　　　　　　　>>>>

　　奥巴马有极强的社会责任感,他每坐到一个位子上,都会做出很高的政绩来回报选民的投票。奥巴马在美国金融危机的节骨眼上走马上任美国总统,上任后的首个工作日,他即签署行政指令,下令白宫年薪超过10万美元的百多名高级官员冻薪最少一年,与人民共渡艰难时期,并且禁止官员收取说客的礼物。

　　他说:"在这段经济紧急的时期, 许多家庭都要勒紧钱袋过日子,政府也应该如此。"他以此行为展现了自己的负责任的态度,向全国发出了一个信号:政府是和人民站在一起应对危机的。

　　奥巴马用责任心感召自己的民众,因为他知道只有每个人都尽到自己的义务,国家才能够强大。所有成功的人都有一个共同的品质,那就是责任感。聪明、才智、学识、机缘等固然是促成一个人成功的必要因素,但缺乏了责任感,他仍是不会成功的。一个人要想在社会上立足,就应当把责任感融入到自己的生活态度中,无论在工作上还是在生活中,都要提醒自己做一个敢于承担责任的人。

　　美国前总统杜鲁门曾在自己的办公室门口挂了一条醒目的标语:buckets stop here。意思是问题到此为止,不再传给别人。很多人遇见问题时,因为趋吉避凶的心理作祟,总是想办法把困难推给别人,这是不负责任的心态,这样的人很难取得成绩。

　　20世纪70年代,索尼彩电已经在日本声名远扬,但在美国的市场还依然没有打开。在这种情况下,卯木肇接受了开拓索尼彩电在芝加哥市场的任务。卯木肇没有寻找任何借口推脱职责，而是主动迎接挑战。

他来到芝加哥，看到索尼彩电在芝加哥的现状后，便下定决心找出索尼没有市场的原因。他通过调查知道，是前几位负责人的销售措施不当引起了这个后果。他进一步调查发现，这里的市场已经被破坏了，但他依然没有灰心而走，并继续寻找解决方法。

他下定决心要找到最好的销售公司来促销索尼。他找到了马歇尔公司——芝加哥最大的电器销售公司。他三次登门，请求公司试销索尼彩电。他采用多种方法，重塑索尼形象，并成立了特约维修部，马歇尔公司被他的诚心和责任感感动了，终于答应了销售索尼。

最终，索尼彩电销量看好，卯木肇取得了成功。公司评价他是真正对公司负起责任的人。

比尔·盖茨经常说："人可以不伟大，但不可以没有责任心。"被誉为"现代管理学之父"的管理学大师德鲁克曾经说过："职员必须停止把问题推给别人，应该学会运用自己的意志力和责任感，着手行动以处理这些问题，真正承担起自己的责任来。"

责任是发自内心的一种动力，是创造卓越的源泉。责任感强的人对自己要求更严格，标准更高，甘愿比别人多付出。尽管有时只是多付出了一点点，而正是这一点点就创造了卓越。李嘉诚从一个推销员开始努力工作，不到20岁就成为了塑料花厂的总经理，再后来，他抓住时机，用自己省吃俭用的钱投资办厂，终于，他通过自己的奋斗，成为了一个伟大的企业家。

承担责任确实要付出一定的辛苦，一旦承担不好，还有可能承受他人的非议。然而，这并不能成为我们不去选择承担责任的理由，唯有承担责任，才能实现我们自身的价值。

每个人都有自己的处世哲学，只有有责任感的人才会让人敬重，有责任感的人才会得到别人的信任。在负责任的过程中,我们本身也能够感受到自己的价值。

56、所处的位置越高,肩上的担子就越重 >>>

2009年,奥巴马在联合国大会上演讲,他提出了"无核世界"的畅想。这个畅想得到了诺委会的青睐,诺委会决议颁给他诺贝尔和平奖。诺委会中4位评委一致认为:"与其说把奖颁给奥巴马是对他成绩的肯定,不如说是对奥巴马政府未来的'信任投票'。"

针对奥巴马得到诺贝尔和平奖的争议,诺委会主席曾说:"很多人认为这一决定过早、过于草率了,但我们认为如果我们3年之后再做出反应就晚了。现在是我们做出反应的最佳时期。"很多人评价说:"授予奥巴马诺贝尔和平奖的原因是诺委会把他推到了这个位置,他就会更加努力为世界和平做贡献。"

在颁奖仪式上,奥巴马表达了他的惊喜和谦虚,并表达了将为美国和世界负起和平责任。他说道:

"怀着深深的感激和谦卑之心,我获得了这个荣耀。它是一个指向我们最高理想的奖励,我们并非只能做命运的囚徒,我们的行动能在正义的方向上改变历史。

"当然,如果我不承认你们慷慨的决意所带来的巨大正义,那么于我而言将是自欺欺人。一部分原因是因为现在是我在世界舞台上贡献的开始,而非终结……

第八章
有责任，人生因承担责任而充实

"但也许我荣获此奖项最深刻的原因就是我是两场战争中同一个国家的最高军事指挥官。其中之一已经结束了，而另一场并非美国所要追求的冲突；其中一场是我们和包括挪威在内的其他42个国家一起参加的。这场战争为了保护自己和所有的国家免受将来的袭击……我怀着对武装冲突的代价的敏锐认知来到这里，带着有关战争与和平关系的难题，以及我们想要以其中一个代替另一个的努力……"

雨果说过："我们的地位向上升，我们的责任心就逐步加重。升得愈高，责任愈重。权力的扩大使责任加重。"一个图书管理员把图书管理好就可以了，一个国家领导人就应该把国家管理好，位置不同，担子的"重量"自然不同。

在谷歌刚成立时，拥挤的居民房里只有十几个员工。谢尔盖打出了一则广告：诚征厨师长，谷歌的人饿了。

广告打出后不久，就有厨师前来应聘了，经过挑选，谢尔盖决定选择埃尔斯为谷歌的厨师长。

由于谢尔盖的授权，埃尔斯有权决定午餐做什么。埃尔斯骄傲地对同事说道："我们有美国风味菜、经典意大利菜、法国菜、非洲菜以及我独门研制的亚洲菜和印度菜。"

从此以后，谷歌的午餐有了很大的改善。在2000年，谷歌列出的十大值得留恋的东西中，埃尔斯的午餐排在第一位。

随着谷歌一天天地扩大，埃尔斯感到自己的责任也越来越大，因为他不再只是一个管理十几个人伙食的厨师了。他决定扩大规模给谷歌的工程师做一日三餐和零食。而埃尔斯也在谷歌上专门做了一个网站来上传各种各样的食谱。这同时也给谷歌带来了很大的人气，由此，谢尔盖给了埃尔斯相应的股份。

后来,谷歌做得越来越好,人气与规模不断扩增。在一次聊天中,谢尔盖问埃尔斯为什么能在厨师这样一个岗位上做得如此出色。

埃尔斯回答:"我永远知道这是我的工作,我应该对此负起相应的责任。而且,我觉得这份工作非常有价值,能够让员工吃得好,员工就能更好地为公司做事,我也算是为公司做了贡献。"

对任何一个渴望成功的人来说,当他达到一定高度之后,他肩上的担子会跟着越来越重,所需要承担的东西就越来越多,同时,这也反映了一个人的能力,只有能力出众的人,才能够承担起更多的责任。美国的开国总统华盛顿就是一个能力出众的人,他带领美国进行了独立战争,最终建立了国家,由于国家责任的重担,他无法辞去职位,不得不连任了两届总统……

林肯说:"每一个人都应该有这样的信心:人所能负的责任,我必能负,人所不能负的责任,我亦能负。如此,你才能磨练自己,求得更高的知识而进入更高的境界。"桥的价值在于能承载,人的价值在于能担当,担当得越多,价值越大。人生在有担当中成长,在敢担当中前行,在能担当中创造辉煌。

57、只说自己能做到的 >>>

很多政治家因为想要拉拢选民,总是说一些讨好选民的话,向选民开"空头支票",甚至经常改变自己的观点,或者使得自己的观点之间相互矛盾,最终却失去了选民的信任。奥巴马不同,他是一个信守承诺的人。他也从不会为了选票而说一些假大空的话,他真心想什么就说什么,他能够做到什么,就许诺什么。

他在演讲中说:"政府不能解决所有的问题,但是却可以做到一个普通人无法完成的事情,保护每个人免受伤害,给每个孩子提供正规教育,使得街道水源保持干净,孩子的玩具安全无害,投资新的学校、新的道路,以及新的科学技术领域。政府是为人民工作的,而不是与民众作对的。"在竞选中,他向人民许诺变革,许诺政府干预经济,对人民实行减税,从伊拉克撤军,实行医疗保险政策,他都做到了。

2010年9月6日,奥巴马公布了大规模交通基础设施更新及扩建计划,该项目初期计划投资500亿美元。并承诺,在接下来的6年里,政府将大规模建设或修复公路、铁路和机场跑道。

9月8日,奥巴马公布了2000亿美元的企业减税提议和1000亿美元的企业研发税收优惠计划,并说明了这两项措施的目的:促进企业吸纳人才。这项措施将使得大约150万家企业受益。

奥巴马实行的这些政策都是他竞选时候庄重承诺过的。总额高达3500亿美元的针对性很强的经济政策,其中属于劳动密集型产业的大规模交通基础设施建设可以带动大批"蓝领"就业;企业减税提议在促进失业人员的就业方面,能够达到良好的效果,而企业研发税收优惠计划是一个长远的就业计划考虑……

奥巴马在竞选中许诺的一切都按部就班地贯彻了下来。

只说自己能做的,是一种对自我能力的正视,是一种豁达,更是一种坦承,一种良好心态。任何想成功的人必须具有这种端正实际的办事态度。承诺自己办不到的事,虽然能逞一时之快,但终究会害到自己,因为这样的人会让人觉得不诚信,不可能博得他人的好感和长久支持。

要做到诚信,就要谨慎许诺。有很多人因为为人爽快,经常答应别人的要求,却最终因为许诺太多实现不了,这样就是给自己下了一个套,本心是好,却没能做到,最终让自己落入失信境地,这是不可取的。

我们不应轻易许诺,但许诺了就应该做到。某电脑公司的一位女职员,在为客户送急需的计算机配件的路上,遇到了倾盆大雨。由于河水猛涨,把沿途的多座桥都淹没了,交通阻塞,汽车根本无法行驶。但她并没有等雨停之后再去送货,而是从汽车后备箱拿出一双旱冰鞋,滑向目的地。经过近5个小时,终于抵达了客户所在地,解决了对方的难题。这位女职员,用自己的行动捍卫了公司的信誉,也为自己建立了"信用"品牌。

有一次,大哲学家康德计划去拜访住在一个名叫珀芬的小镇的老朋友威廉·彼特斯。康德出发之前写信给彼特斯,说自己将于某日上午11点钟之前到达。

为了能准时与朋友见面,康德在约定日期的前一天就赶到了珀芬小镇,老朋友住在距离小镇12英里远的一个农场里,康德就在第二天早上租了一辆马车前往彼特斯的家。从小镇前往农场的途中有一条河,细心的车夫把马车驾到河边时就停了下来,他说:"真是很抱歉,先生,桥坏了,我们现在不能从桥上通过,很危险。"

康德从马车上下来,发现桥的中间确实出现了断裂。当他得知附近没有过河的桥时就有点焦急了,这里距朋友的住处还有40分钟的路程,如果现在回头选择其他道路一定会迟到。

康德看到河边有一座很破旧农舍,就跑过去,客气地问主人:"请问你这间房子要多少钱才肯出售?"

"就给200法郎吧!"

康德付了钱后又对农妇说:"如果您能马上从房上拆下几根长木头,20分钟内把桥修好的话,我将把房子还给您。"

农妇和两个儿子马上动起手来,很快就把桥修好了。马车顺利地过了桥,康德最终在10点50分赶到了老朋友的家。

彼特斯高兴地在门口迎接他,并说:"亲爱的朋友,您可真守时啊!"在与老朋友相会的日子里,康德自始至终都对在路上遇到的麻烦只字未提。

哪怕是挚友之间,也应当信守承诺,如此才能维持良好的友谊。很多人可能觉得"我们关系已然很好,做不到守信,朋友也会理解"。其实不然,总是对朋友失信,朋友可能会觉得我们对他不够重视。越是朋友间越要信守承诺,这样方能显示出对于朋友的重视和关怀。

对于自己能做到的事情,一旦许下承诺,就要尽量兑现。有时候因为某些原因,我们确实无法信守诺言,这时候就应该向对方有一个交代,做出合理的解释,争取对方的原谅。

说到做到体现的是诚信,诚信无价。中国有句古话:"一言既出,驷马难追。"不管是男人女人,也不管是一国之君,还是平民百姓,话既然说出口,就应当践行,这便是诚信。如此行事,方能增加自己德行的厚度。

拥有诚信是一个人安身立命的基本准则,是与人交往的前提,唯有谨慎许诺,诚恳地履行对他人许下的承诺,他人才会对我们将心比心,并且给予我们支持。

58、承认错误并不丢脸　　　　　　　>>>>

根据奥巴马的医改方案,没有医保的人在2014年初必须开始买保险(可买私人的或国家的),如果不买,就要被罚款。新的保险计划还要求覆盖妇产护理、精神健康和其他的领域。距2014年还有不到2个月的时间时,不少美国人陆续从保险公司收到自己原有保险计划已被取消的通知。据悉,这些医保计划大多是民众自己购买而非雇主支付,价格也比较低廉,但不能达到医改所制订的新标准。对这些民众而言,如果原保险计划取消而购买新保险,保费可能上升,加重他们的经济负担。

虽然奥巴马之前已反复保证过, 即使医改方案2014年全面实施,民众依然能够依照个人意愿继续保留原有医保方案。但实际上,很多保险公司非常“自觉”地取消了部分保险计划。保险公司宣称,取消医保是出于法律原因。

面对这样的局面,奥巴马向民众道歉:“我很抱歉,尽管我给出了承诺,却终究让他们陷入了这种境地,我们已尽了最大努力让大家相信,我们听到了他们的声音,并将竭尽所能帮助受其影响陷入困境的人解决难题。”

很多人可能觉得他身为一国总统总是承认错误,肯定丢了“大国”的面子,其实并非如此,只有勇于承认错误的国家才能赢得更好的形象,只有勇于向人民承认错误的领导人,才能赢得更多的爱戴。

承认错误,需要勇气。能够勇于认错,才有机会重新做人。西晋时代的周处,少时横行乡里,成为父老口中的“三害”之一。后来发愤认错

第八章
有责任，人生因承担责任而充实

改过，不仅为地方除害，而且从军报国，完全改写了自己的人生，成为悔过向善的典范。可见一个人唯有"勇于认错"，才能获得大家的谅解，才有重新出发的机会。

秦王嬴政灭六国时期，终于到了攻打楚国的时候，他想要年轻的李信率领军队去攻打楚国。李信曾经领兵数千人，追击燕太子丹，最终大破燕军并俘获了燕太子。秦王问李信："打败楚军需要多少人马？"李信自信地表示："二十万即可。"秦王又问王翦，王翦回答说："非六十万不可。"秦王便讥笑王翦："王将军老了，胆子变小了。李将军果断勇敢，说得有道理。"于是便派李信率领二十万军队进攻楚国。王翦因为秦王不听他的方案，就托病辞官，回家养老。

李信获得了几场小胜之后，终被楚国大将项燕打败，最后落荒而逃。

这时候，秦王嬴政想起了王翦，知道王翦是个有远见的人，于是便亲自到王翦家中向王翦谢罪："我没有听从将军的话，李信使得秦军受辱，如今楚军正在向西行军，将军虽然病了，但怎么忍心抛弃我呢？"王翦还是有些怨气："老臣疲弱多病，希望大王另选良将。"秦王再次认错，并坚持任用王翦。王翦说："要我也可以，必须给我六十万大军。"秦王答应了。王翦带兵出击楚国时，秦王亲自把他送到灞上。

最终王翦击败了楚军，没有辜负秦王的希望。

一次错误就是一次教训，常言道："吃一堑，长一智。"人们能通过错误不断地完善自己。1997年，巨人公司总裁史玉柱遇到了严重的经济困境。在这一年，也就是他人生中最黑暗的日子里，他自我反省，并且召开自我批判大会，让下属也都批评他。他后来自己说："现在回过头来看，就是从一个傻小子一下变成一个相对理智的做事、搞企业的一个人。"有了这个"脱胎换骨"的过程，才有了后来的东山再起。

承认错误是大丈夫的行为，古人云："人非圣贤，孰能无过？过而能改，善莫大焉。"无论成就大事业的人，还是拥有大道的人，全不是没有犯过错误的人，他们都通过犯错改错而成功。承认错误是改错的前提，我们都应养成勇于承认错误的习惯。

59、愉快地承担责任　　　　　　　　　　　>>>

奥巴马在2008年就职演讲时说过："也许，我们的挑战前所未有，我们的应对措施也将不同寻常。但那些引领我们走向成功的品质——勤劳与诚实、勇气与公平竞争、宽容与开放、忠诚与对国家的爱——我们并不陌生。这些品质，就是推动我们历史前行的动力，它们真实存在。而现在我们所要做的，就是回归这些真实，开创一个'负责任的新时代'。让我们认识到作为美国人，我们对自己、对国家、对世界所担负的责任，让我们愉快地而不是不情愿地承担起这些责任！"

奥巴马不仅仅乐于承担社会责任和国家责任，而且，他还是一个负责任的好父亲。奥巴马现有两个女儿，他热爱他的女儿们，在演讲中他曾经说过："你们已经赢得了新的宠物狗，它将和我们一起前往白宫。"

他在2009年一年一度的父亲节前夕，暂时放下手头日程，以"首席父亲"角色参加一场父亲节座谈活动，回忆初为人父时的忐忑和甜蜜，畅谈为父之道的体验。

第八章
有责任，人生因承担责任而充实

座谈会上奥巴马回忆起第一次当爸爸时的情景。妻子米歇尔凌晨3点叫醒他，说自己快生了，于是奥巴马跳下床寻找待产包。大女儿出生后，他以很慢的速度开车把女儿载回家，突然意识到"你的房子里多了个新生命"。他每5分钟就跑去看看女儿，确认她平安无事。

一名学生问奥巴马："总统和父亲，哪一个角色更加有趣？"

奥巴马说："再也没有比当父亲更有趣的事情了。"

奥巴马评价自己作为一名父亲的表现"远非完美"，但他认为一个好父亲不能用完美或成功来衡量，而需要看他是否"不断努力尝试"。

奥巴马还说道："勇敢承担起做父亲的责任，不能因为没有得到父爱而让自己的孩子遭到同样不幸。你们有责任打破这种循环，从错误中汲取教训，在你们父亲摔倒的地方站起来，比他们更好地对待你自己的孩子。那就是我一直努力在做的事。"

在生活中，我们每个人都面临着各种各样的需要承担的责任，而最容易让我们厌烦的责任，无疑还是工作。美国石油大王洛克菲勒在写给儿子的一封信里这样说道："亲爱的孩子，如果你视工作为一种乐趣，人生就是天堂；如果你视工作为一种义务，人生就是地狱。"

有的人，每天都能找到理由让自己烦心，每天都有倒不完的苦水，诉说不尽的委屈，比如：今天又让老板给说了一顿、今天我那个同事真是做了一件蠢事……而有的人则不然，他们每天都能哼着小曲来上班，见到每个同事都能乐呵呵地打招呼，即使工作上遭了批评，也依然能够高兴地接受，高兴地改错……同样都是工作，不同的心境，造成的结果截然相反。

她是公司临时雇佣的清洁工，在整个办公楼的几百名员工里，她没有学历，工作量最大，薪水最少，可是她却是整个办公楼里最快乐的人。

没什么不可以
奥巴马给年轻人的88堂课

　　她每一天都在快乐地工作着,对任何一个人都面带笑容,对任何人的要求,哪怕不在自己的工作范围内,她也愿意愉快地答应帮忙。

　　她的热情就像一团火焰,整个办公楼在她的影响下都快乐了起来,没有人在意她的工作性质和她的地位。

　　老板听到了此事之后,感到非常诧异,就忍不住跑来问她:"能否告诉我,是什么让您如此开心地面对每一天吗?"

　　"因为我热爱这份工作!"清洁工自豪地回答,"我没有什么知识,我很感激企业能给我这份工作,可以让我有足够的收入来支持我的女儿读大学,而我唯一可以回报的,就是尽一切可能把工作做好。一想到这些,我就非常开心。"

　　很多人对自己所从事的工作并不满意,在许多人看来,是工作选择了自己,而不是自己根据兴趣和意愿去选择了工作,在一定程度上,工作只是谋生的一种方式。在实际工作中表现为:事业心不强,不思进取,安于现状等。但如果你不准备换工作,那就应该尝试热爱自己的工作。即使这份工作不太尽如人意,也要竭尽所能去转变它、去热爱它,并凭借这种热爱去激发潜力、塑造自我。

　　在新闻栏目组工作的安娜热爱自己的工作,在节目中短短的10秒钟的自由发挥时间中,她总是说一些"今天大雪纷飞,真漂亮"、"国家森林的枫叶红了"之类的话,不仅仅让自己身心愉快,也让同事们拥有了良好的心情。

　　心理学家指出:"对一个喜欢自己工作并认为它很有价值的人来说,工作便是生活中一个十分愉快的部分。"生活中,很多人都认为"承担责任就是痛苦的",久而久之,这成了一种条件反射,进而让我们在工作中感受到无尽的枯燥,再进而,让我们的生活也受到影响了。改变对工作的偏见,把工作看成是"上帝的特殊礼物",我们就会工作得越来越开心。并且，当我们愉快地工作的时候，因为热情和充满激情，我们的工作效率也会提高。

我们既然已从事了这个职业，被安排在某个岗位上，就不能仅仅只享受工作带来的益处和快乐，而是必须接受它的全部，包括责任。况且责任无法逃避，不情愿地去做，只会让我们精神萎靡，而选择愉快地承担起责任，在做好工作之余，我们同时还能获得成就感。

60、没有什么比奉献更能成就精神的满足　　　>>>

米歇尔曾经回忆过初识奥巴马的情景："他没有钱，他从来不会用物质手段来吸引我，他的衣柜有点儿惨不忍睹……他又高又瘦，但是他对衣服从来没有太多的关注。我不得不郑重地告诉他扔掉那一件白色的夹克。他的第一辆车生锈非常严重，在门上竟然有一个锈迹斑斑的洞。当你驾驶那辆车的时候，你甚至会看到车下的地面。但是他喜欢那辆车，尽管在启动时，车身会剧烈地抖动。我想，天呀，这位老兄对赚一角钱都不会感兴趣的。我只能喜欢他的自身价值了。"

奥巴马的自身价值就在于他从母亲那里继承来的奉献精神。在他的母亲看来，物质上的贫穷远远没有精神上的贫穷更加可怕，这种奉献精神让他保持了乐观的态度。

奥巴马第一任期内，为美国做出了很多显著的贡献，但这一切都是有代价的。2012年奥巴马竞选总统的时候，披露了两张照片，一张是2008年奥巴马竞选总统之前的照片，一张是为美国奉献了4年"青春"

之后的照片，两张照片对比明显。与他2008年当选后所拍的官方肖像相比，明显衰老许多，脸上也多了不少黑斑。

有真实照片显示，奥巴马4年前入主白宫时容光焕发，皮肤紧致，双目有神。但4年之后，奥巴马青春不再，面颊肉松弛了，连头发也白了。前总统克林顿任内的白宫"御医"马里亚诺坦言，4年任期使奥巴马老了8岁。

他奉献了自己的"青春"，但奥巴马竞选总统仍然非常积极。因为奉献让他感到幸福，就像他自己说过的："没有什么比奉献更能成就精神的满足了。"

奉献精神强调精神的满足，强调无私的快乐。河水拦住了人们回家的路，我们架起一座桥，看着行人带着微笑安全过河就是回报；风沙肆虐，原野凄凉，我们栽起一片树木，为世界增添一份葱茏就是回报；看到有人拉车上坡，我们只需付出"一臂之力"就能帮他减轻很多负担……

现实中的我们做什么事情，几乎都是怀有一定的目的的，而且这个目的一定是利于自己的。比如，我们一生都在追求功名富贵，因此，我们一生的活动都是围绕其进行的。这种目的，即使得到实现，我们也无法得到最大的幸福。马克思曾经说过："历史承认那些为共同目标劳动因而自己变得高尚的人是伟大人物；经验赞美那些为大多数人带来幸福的人。"

梁思成的儿子梁从诫先生回忆说："抗战时期，物质生活极端贫乏，父母的收入又很微薄，日子过得很清贫。我记得上小学时，我一年有三季打赤脚或穿草鞋。特别是抗战后期，我的母亲林徽因肺病已经十分严重了，但她每日依然粗茶淡饭，还躺在病床上和父亲研讨著书立说。就是在那种贫病交加的条件下，他们写出了包括大部头的《中国建筑史》在内的多部书籍。他们崇拜读书、著书，因为他们崇拜它的力量。"

梁从诫先生无限兴奋地回忆他一生中得益最多的那一段时光："那时候，我的父亲和母亲的精神生活是那样充实，好像盛满了酒的酒杯。在我的记忆中，那段生活是十分美好的，我的父亲和母亲有着十分难能可贵的生活态度，一是旷达乐观；二是知足知止，从不追求超越生命基本需求的物质利益，所以内心永远平静如水。这些高尚品德，培养了我后来对生活的追求。"

梁思成和林徽因都是名门望族，本有招财的能力，然而却坚守了这样一种生活，在这种情况下仍然为国家坚持做贡献，成为了儿子现实中的榜样。

李嘉诚说到自己人生中的一个关键时刻，就是在他二十七八岁的时候，那个时候他已经远离了贫穷，一生所需的花费都已经足够了。但也就在这个时刻，他骤然发现即使财富一直增加，却没有什么特别快乐的地方。由此他领悟出："贵为天子，未必是贵；但是，贱如匹夫，不为贱也。关键是看你的一生所做的事，所讲的话，怎样对人对事。这个是我自己领悟出来的。"他笑称，若自己能够在这个世界上，对其他需要帮助的人有所贡献，这便是内心的财富。捐钱容易，而亲力亲为地做则需要耗费极大精力，然而李嘉诚对此乐此不疲。

生命的价值在于奉献。我们不会因为赚很多钱而富足，但我们常常因为付出的善念而使心灵富足。你奉献得越多，你的价值越大，你就越富有。

巴金曾说过："我的生活目标，无一不是在帮助别人，使每一个人都得着春天，每颗心都得着光明，每个人的生活都得着幸福，每个人的发展都得着自由。"在生活中,不管是用充满爱意的文字,还是用实际的与人为善的行动,都能给在寒夜中前行的人带来温暖和光明,而他自身得到的精神满足远非自私的人所能懂。

61、困难再大也没有责任大 >>>

2008年,美国总统大选结果出来后,有欧洲人评价:奥巴马最迟在11月15日参加华盛顿世界金融峰会时,就会感受到身上担子的份量。奥巴马是在美国影响力下降、国力衰退、问题缠身的转折时期登台的。届时不仅要讨论未来世界金融体系,也会讨论美国的作用。他会感受到美国领导世界的时代已经结束,必须学会与别国合作。

欧洲的一些学者和媒体评论,美国受到各种问题的困扰,新总统如何从伊拉克和阿富汗撤军,是一大考验。一方面,美国不能从那里一走了之,如果这样,伊拉克和阿富汗可能很快陷入内战;另一方面,美国也不能在那里大规模驻军,那样,当地也不能久安。

奥巴马确实面临着重重困难,但是,他勇敢地肩负起了克服种种困难的责任。

奥巴马面临最大的问题莫过于经济问题,美国失业率不断增加,其前任政府在8年内使得国家债务增加。面对这种情况,奥巴马负起了责任,制订了内容庞杂、名目繁多的振兴经济计划,要求救济失业,创造就业,减免税收,注资银行。

奥巴马还要面临两党分歧。美国前总统林肯曾经说过:"我不认为

第八章
有责任,人生因承担责任而充实

自己能控制事态,我必须诚实地承认,是事态控制了我。"美国两党历来在各种政策上都有分歧,面对这样的问题,奥巴马强调"责任时代到来",他首先负起了这样的重任:要求两党消除隔阂,共渡艰难,通过经济振兴计划。

奥巴马知道自己面临严重的困难:"我们需要开发新的能源,创造新的工作岗位,我们需要建立新学校,应对众多威胁,修复与许多国家的盟友关系……"他知道这些困难可能无法全部完成,只要勇敢地负起责任:"或许我们无法解决所有的问题,但我们终究也会有所作为。"

"大萧条"时期,罗斯福所面临的国家问题比奥巴马更加严重,他意识到肩负的责任,毅然参加了总统竞选,之后临危受命,带领国家克服了经济危机,赢得了二战,成为了美国历史上最伟大的总统之一。

困难再大也没有责任大,我们在工作或者生活中,当然会遇到各种困难,有些困难会让我们感觉非常棘手,但一旦我们意识到自己的责任所在,那么,我们就能够勇敢地面对,并且克服它们。奥斯特洛夫斯基全身瘫痪,双目失明,但是,他怀着对于革命的强烈责任感,从事了文学创作,克服了身体残疾的障碍,他的文学名著《钢铁是怎样炼成的》激励了成千上万的人们。

当我们勇敢地承担起责任,不畏惧困难的时候,我们的潜能经常会因为强大的责任感激发出来,我们的大脑里往往会出现良好的策略和应对危机的方法,最终使得我们克服困难。

有人说:"世界上没有解决不了的困难,只有不去解决困难的人。"很多人一遇见困难就有退缩的心理,其实,困难并不可怕,当我们拥有强大的责任心时,遇见困难不退缩,兢兢业业地面对,再大的困难也能解决。

会学习，从所有值得学习的地方汲取资源

No reason why not No reason why not No reason why not

62、最爱读书的美国总统　　　　　　　　>>>

　　有人认为米歇尔甚至比奥巴马都聪明,有人曾这么区别他们夫妻二人:奥巴马在二十多岁的时候已经读过大量的书籍,他看中的是思想的丰富;米歇尔则更像一个实践家,她性格外向,强悍有力,条理性强,看起来更像一个控制者或计划制定者,而不是思想家,甚至令奥巴马"望而生畏"。读书让奥巴马更加懂得尊重自己的妻子,他对人笑称:"米歇尔是我的'老板'。"然而,美国的"老板"却是奥巴马。

　　奥巴马成为总统后,列出了一个总统书单,书单显示,奥巴马看过很多史书和传记,比如《美国历史的反讽》、《罗斯福传》、《和而不同》等,也包括很多文学作品,如《所罗门之歌》、《金色笔记本》、《莎士比亚全集》、《白鲸》等。奥巴马还曾为自己的幕僚推荐书籍。

　　读书让一个人更有深度和内涵,我们所看到的奥巴马所散发出来的魅力其实是经过了大量的书籍沉淀的。他曾经跟人说过:"这(读书)是治疗疾病的唯一方法。"

　　奥巴马被认为是美国历史上最热爱读书的总统之一,他不停地读书和思考,能够在书中得到自己想要的东西,以批判的眼光来读书,并且能够思考出"另类"的东西,很多时候,他自己思考出的结论甚至超出了作者的思想。无论是评论者还是他本人,都认为那段大量阅读的时期是奥巴马告别迷惘的青春,成为一个睿智的成年人的起点。

　　高尔基说过:"书是人类进步的阶梯。"读书不仅能够增长我们的知识,很多作家灵感枯竭时,还可以在前辈的文学名著中找到灵感;很多科学家要"站在巨人的肩膀上"进步,也要通过读书才能了解"巨人";很多商人做事死板,可以在哲学家、思想家的著作中找到灵活的方法;很多人可以通过读书让自己变得更有涵养,更懂礼节……

美国18世纪著名的政治家、科学家富兰克林自幼酷爱读书,小时候,他家里穷,没有钱上学,只能独自谋生。在这种情况下,他常常饿着肚子省钱买书来看。

富兰克林是一个极有同情心的人。有一天,他在路上看到了一位白发苍苍的老婆婆已经饿得走不动了,于是,他把自己仅有的一块面包送给了她。老婆婆看富兰克林也是一副穷人的样子,于是不忍心收他的面包。

富兰克林拍拍自己装满书籍的背包说:"你吃吧,我包里还有很多!"

老婆婆便吃起了面包,只见富兰克林从背包里抽出了一本书,津津有味地读了起来,便问:"孩子,你怎么不吃面包啊?"

富兰克林笑着回答说:"读书的滋味比吃面包强多了。"

他经济拮据,购书能力有限,只得经常借书来读。由于借书有时间限制,很多时候,他连夜读书,疲乏了,就用冷水洗把脸,继续读,以争取准时还书。

正因为如此热爱读书,他取得了惊人的成就。他参与起草了《独立宣言》,曾代表美国同英国谈判,曾创办《宾夕法尼亚报》,曾建立了美国第一个公共图书馆……他在科学方面也有杰出贡献:发明了避雷针,在研究大气电方面的成绩也非常突出……

读书能够让我们充分了解人性,有益于我们为人处世;读书能够让我们变得聪慧,从容应对生活中的困难;读书能够让我们变得勇敢,以克服各种人性中的怯懦……从书中,我们往往能够发现自己身上的不足，并不断借鉴前人的优点，进而让自己不断进步。

培根说过："知识就是力量。"而读书是我们获取知识的最佳途径。当然，读书要讲究一定的方法。有些书需要"泛读"，有些书则需要"精读"，有些书需要我们"观其大略"，有些书则要我们"深入批判"。我们要能够选出优秀的书籍，并用正确的方法来读，这样才能充分地为自己补充能量。

63、低姿态，借助他人的优点完善自己　　>>>

奥巴马非常善于利用别人的优点为自己服务。2003年的一天，他谦卑地找到伊利诺伊州参议员主席琼斯，并获得了他的支持，他知道，如果琼斯能够支持自己，就能够让市长和州长无法公开支持自己的对手。

琼斯的支持果然限制了州长和市长的决定，除此之外，琼斯还利用自己的优势帮助奥巴马赢得了工人的支持，并且利用自己的地位为奥巴马拉拢了一些政界人士。琼斯非常形象地说："就像橄榄球赛里，不管一个跑卫有多么优秀，如果没有开洞、拦截敌人的前锋，跑卫永远冲不出后半场。"无疑，奥巴马就是一个优秀的跑卫，琼斯就是一个优秀的前锋。

2008年竞选总统时，奥巴马就成立了挑选副总统候选人的专职三人组，来为自己挑选出一个能够弥补自己不足的副总统。这3个人都非常有来路，一个是前总统肯尼迪的女儿卡罗琳，一个是前司法部副部长霍尔德，一个是曾经的资深民主党人约翰逊。

他们分析之后，得出这样一个结论：奥巴马需要这样一个副手，最好能够拥有军事或外交方面的资历来弥补他经验欠缺的问题；对于共和党和麦凯恩的攻击和抹黑，副总统候选人能够给予有力、及时地回击；能够帮助奥巴马争取选民。

2008年8月23日，奥巴马在伊利诺伊州宣布了他的决定：决定拜登为他的竞选搭档。在俄格的军事冲突中，拜登的外交实力得到了很好的展现，俄格两国都表示欢迎拜登前往调解。拜登外交经验丰富的优点无疑可以弥补奥巴马的不足，而且拜登还拥有很强的辩论技巧，能够帮助奥巴马抵挡麦凯恩团队的攻击。奥巴马说："能够与他一起竞选让我非常激动，我需要你们的支持来完成这场变革运动。"

拜登说过："大部分美国人都有一计之长，就是善于观察别人，并能够吸引一批才识过人的良朋好友来合作，激发共同的力量。这是美国成功者最重要的，也是最宝贵的经验。"我们每个人都有自己的优点和缺点，而当我们要完成一件事情时，我们本身的优点往往不足以让我们独立完成它，尤其是想要成为企业的领袖或者在政治上获得巨大的成功时，我们就需要借助别人的优点来完善自己。

很多精明能干的总经理、大主管都善于借助别人的优点来为自己做事，他们能够把不同的人才放在不同的位置，而自己则经常在外面旅行或打球，公司的业务仍然有条不紊地增长。

一个人或一个团体，仅靠自己的力量是不够的，特别是在当今社会科学技术高度发达的情况下，社会分工精细，门类繁多，一个人或一个团体所掌握的科学技术知识是非常有限的，哪怕是最杰出的人物或团体，在某些科学技术乃至具体工作环节上，也不可能独自完成，也需要借助别人的力量才能攻克难关。

刘邦曾经说过:"运筹帷幄,决胜千里,我不如子房;镇国家、抚百姓、给馈养、不绝粮道,我不如萧何;攻必克、战必胜,我不如韩信。"但他礼贤下士地对待人才,借助了这3个人的优点,取得了最后的胜利,成为了一代开国之君。刘备也是,他三顾茅庐,请诸葛亮出山,之后借助他的智慧,为自己取得了一方霸业。

64、正视别人的批评,从失败中吸取教训　　　>>>

大国领导之间互赠礼物是非常讲究的一件事情。时任英国首相布朗曾经为上任伊始的奥巴马精心准备了一个充满象征意义、强调英美传统友谊的礼物:一个笔筒。这个笔筒可以和白宫椭圆形办公室里那张名为"坚毅桌"的书桌相配。此书桌是19世纪英国皇家海军"坚毅"号军舰的船身木材打造的,1880年经维多利亚女王之手赠送给当时的美国总统。布朗送给奥巴马的笔筒取材于英国皇家海军"塘鹅"号军舰的船身木材,"塘鹅"号和"坚毅"号是姊妹舰,由此可见布朗的苦心。

而奥巴马回赠给布朗的礼物是一套好莱坞大片,包括《星球大战》、《公民凯恩》、《教父》等25张影碟,其中还包括一部叫做《精神病患者》的影片。英国媒体对此感到非常愤慨,《每日电讯报》指责奥巴马"无礼",说这些影片在任何一家店里都能买到。有的媒体还指责:怎么不附带一包爆米花呢?而且由于视频制作的差异,这些影碟在英国根本无法播放。

由于送给布朗的礼物遭到了太多的批评,在随后为英国女王伊丽莎白二世准备的见面礼中,奥巴马花了一点儿心思:新款iPod Nano,里面装了40首百老汇歌曲。然而,奥巴马还是遭到了批评:"换汤不换药。"

在2009年3月底,奥巴马接待到访澳大利亚总理时,充分吸取前面的教训,赠送给澳大利亚总理一张罕见的美国国歌《星条旗永不落》的原版乐谱……

奥巴马犯过多次错误,但他能够接受别人的批评,使得自己的错误很快地得到矫正,这是他迅速走上人生巅峰的原因。

遭遇批评是很正常的一件事情,无论我们从事什么样的工作,遭遇批评都是在所难免。对待批评有两种态度,一种是接受和正视,一种是拒绝和无视。前者能够让我们吸取教训,使自己的能力得到提升,使自己得到好评,最终走向成功。

很多人拥有远大的理想和为理想奋斗的决心,但是大部分人最终却无法摘得理想之花,这是因为他们选择了第二种面对批评的态度,这样的人不懂得从失败中总结经验和教训,让错误一而再再而三地发生,最终使自己也失去了奋斗的决心。

胖女孩和漂亮女孩是好朋友,有一次,两个人见面,漂亮女孩向胖女孩诉苦:我有一个苛刻的老板,经常指责我的工作这里不对,那里也不对,即使是法语发音,这死板的法国老太太也会挑出问题来!

胖女孩听后,便主动要求去做漂亮女孩的工作,最终,她如愿以偿地成为了法国老太太的护工。短短几个月后,胖女孩和老太太相处得非常好,不可思议的是,这位老太太还动用她在法国的社会关系,让胖女孩到法国去深造。

漂亮女孩后来与胖女孩见面,问她:"为什么你能忍受老太太的坏脾气呢？"

胖女孩回答说："老太太的确很苛刻，我去照顾她的第一个月，她经常批评我这里不对，那里不对。譬如我走路姿势不对，坐姿不对，眼神不对……可是当我去审视自己的时候却发现，老太太说的一切全是对的。"

发现老太太是对的自己是错的之后，她开始努力改正，并阅读了大量的书籍，了解了法国人的生活习俗和禁忌。后来，老太太对她的批评越来越少……

批评当然是不中听的，有时候我们会感到非常伤自尊，但每个人都会做错事情，而我们自己往往注意不到，所以需要别人的"指点"。著名思想家爱默生说，如果我们将批评比喻为一桶沙子，当它无情地撒向我们时，不妨静下心来，在看似不合理的要求中，找到让我们进步的"金沙"，在批评中寻找成功的机会。

西方谚语说："恭维是盖着鲜花的深渊，批评是防止你跌倒的拐杖。"听惯了谀辞的人常常狂妄自大，只有虚心接受批评的人，才能改正缺点，提升自己。所以，我们必须养成虚心接受批评的习惯。就算有时候别人对于我们的批评是不正确的，我们也应虚心听取，因为这也是一种态度。

富兰克林曾经说："批评者是我们的益友，因为他点出我们的缺点。"其实，上天给每个人的机会都是一样的，我们都有着相同的起点，我们甚至会犯相同的错误，并且听到足够多的批评；不一样的是，有些人听取了别人的批评，从失败的经验中得到了教训，进而创造了卓越。

65、找到可以学习的榜样　　　　　　　　>>>

奥巴马向很多伟人学习过,在演讲方面,他对美国经典的演讲进行了认真研究,他能够熟练地运用修辞和逻辑,紧紧抓住听众的心理,有意识地营造出了一种历史感、使命感和传承感……

在走向总统之路上,他学习肯尼迪展现自身魅力,肯尼迪也是从参议员的职位上竞选总统的,奥巴马因此得到了竞选总统的勇气。在纪念肯尼迪就任总统50周年时,他说道:"在我心目中,约翰·肯尼迪并不是一个凡人,而是一位偶像,一个富有传奇色彩的人物,在地球上度过了短暂而光辉的时光。"

成为总统之后,奥巴马又有了新的学习榜样。2011年,美国《时代周刊》刊登了一张奥巴马和里根在一起的封面,那一期的封面文章标题为:里根:奥巴马的榜样。

2010年5月份的时候,奥巴马曾经邀请一些研究总统执政的史学家到白宫共进工作晚餐。奥巴马在晚宴上敦请学者们能给出一些前任总统执政期的经验。随着宾客交流渐入佳境,史学家们逐渐感到奥巴马似乎对谈论林肯的工作班底不感兴趣,对讨论肯尼迪的智库也兴致不高,而是对保守派总统里根所做出的成就更感兴趣。

负责编纂里根日记、并两次出席晚宴的相关人士说:"榜样因素会影响到许多政策,而榜样的作用各不相同。奥巴马在以里根式的方法履行着责任。"

其实奥巴马在发表第二次国情咨文演讲时,里根的榜样政策已体

第九章
会学习,从所有值得学习的地方汲取资源

现其中。他在演讲中提议冻结可自由支配开支和联邦政府雇员工资,推动简化税法和削减百亿美元的国防预算,同时,他还呼吁两党共同努力改革社会保障体制。以上每一条建议都是由身处第三年任期,在高失业率期内遭遇中期选举失败的总统所提出。里根曾在1983年的国情咨文演讲中表示,在未来两年内,两党各派人士和各种政治势力要重视政府在今后长期的合作,和两党共同承担的责任,而不应由短期的党派政策所左右。

奥巴马在那些伟人身上学到了很多东西,最终成就了自己。现在,他本人也成为了千千万万青年的榜样。

榜样的力量是无穷的。树立榜样,仔细研究推敲他们的成功经验和成功模式,能够让我们在很短的时间内改进自己的缺点,并使自己的能力得到提高,让自己在成功的道路上少走很多弯路;发现他们失败的过程和失败时所做出的反应,我们能够知道问题出现在哪里,能够知道哪些错误是不可以犯的。

有一个名叫阿瑟·华卡的美国少年,有一天在报纸上读到了实业家亚斯达的成功故事,他非常羡慕亚斯达所取得的成功。他产生了这样的想法:为什么不去向他请教呢? 如果能够对他的成功经历了解得更加详细一些,并且得到他的忠告,自己也一定能取得那样的成功。

于是,他跑到了纽约,早上7点就来到了亚斯达的事务所,来到了办公室里,他感到兴奋不已,因为他一眼就认出了自己的偶像。亚斯达看到华卡后,愣了一下。

华卡表明了自己的敬佩之情,然后直截了当地说:"我很想知道怎么样才能够赚到百万美元? "

亚斯达微笑了一下，和他谈了近一个小时，之后告诉华卡如何去访问其他商业界的名人。华卡照着亚斯达的指示，遍访了商业界的名流们，得到了很多忠告。他当然知道有些忠告并不见得完全有用，但能够得到成功者的接见，他得到了自信。于是，他开始效仿他们的做法，走上了自己的奋斗之路。

过了几年，他24岁，成为了一家农业机械厂的总经理。在不到5年的时间里，他如愿以偿地赚到了百万美元，后来，他又成为了一家银行董事会的一员。

有人说："榜样从来都不缺乏，我们缺少的只是发现榜样的渠道和学习榜样的心态。"任何人都有缺点，即使那些成功的人身上也有很多值得批评的地方，然而树立一个榜样并非就是要学习他所有的东西，而是要学习他的优点，他们之所以能够成功，肯定有好多值得学习的地方。

一个人仅仅依靠自己的知识、经验、资金、资源进行奋斗是远远不够的，当我们静下心来，仔细研究别人的经验，向成功者学习，和他们一样思考问题和解决问题，那么成功离我们就不远了。

有时候，我们会在人生道路上感到迷茫和不知所措，找不到自己奋斗的方向。这个时候，我们就更加需要树立一个榜样，让他们"告诉"我们如何去规划我们的人生，并且如何在自己的人生路上坚持不懈，进而实现梦想。

66、反省自己，才能更快进步　　　　>>>

一个国家需要反省，一个人也需要经常反省自己。奥巴马本人就是在反省中成长过来的。

2010年11月，在民主党中期选举失利的情况下，奥巴马对自己做出了反思："我忘了在竞选总统期间所展示的领导力风格……我已经意识到领导力不仅仅是要制定法律，还要说服民众、团结民众以及给予民众信心。领导者要着眼大局，提出的理念要能够让普通民众理解。"他承认了自己的失误，表示在以后的工作中会有所改进，并"愿意承担个人责任"。

一个人若是一味地对自己的错误视而不见，不接受别人的意见，也不懂得自我反思，只会更加迷失自我，让自己一直在错误中走下去，不断受挫。一个人只有经常反省自己，注意改正自己的毛病，才能使自己越来越趋向于完美。

我们需要反省自己，还因为有时候在特殊的情况下，可能会做出一些不符合道德规范的事情而不自知，这个时候就需要我们在闲下来的时候回头反省自己的行为，若是发现了自己的过错，就要立刻改正，否则错误不断累积，就会形成一种习惯，那个时候就很难改正过来了。

晚清名臣曾国藩一生都在反省自己。在他留下的百万字的日记里，大多数都是对自己行为的反省。

初到京师为官的曾国藩耽于应酬交际，而忽略了学习，于是曾国藩在日记里痛批自己的行为,并决定谢绝应酬,减少交游。

曾国藩年轻得志,因而高傲,喜欢与人争论,结果经常使得朋友之间不欢而散。于是他也在日记里反省这样的行为。

创办团练的时候曾国藩一时急功近利,伸手向朝廷要官,结果被雪藏了起来。这让曾国藩后悔不已,在他的日记里也有这方面的自我反省。

曾国藩几乎每天都对自己的行为进行反省。这些使得他不断改过迁善,优化自己的行为,从而在官场中也越来越顺畅,终成一代中兴之臣。

冯友兰先生在《中国哲学简史》中有过这么一段叙述:"做人不仅仅要思考,更重要的是我们要思考我们的思考。做人不能以自我为中心,事事都从自己的角度出发,有些时候,多站在别人的立场想问题,多'吾日三省吾身',很多棘手的问题也就迎刃而解了。"

有人说:"我们总是看到别人的不足,对于自己的缺点却总是熟视无睹。"反省自己就是用给别人挑毛病的眼光来看待自己,用责备别人的心来责备自己。有缺点、有不足并不可怕,可怕的是不敢承认自己的缺点与不足,可怕的是没有反省自己的勇气。只要我们有勇气反省自己,正视自己的缺点,就能改正自己的缺点,让自己不断进步。

一个懂得反省的人拥有人生的大智慧,能够对人谦逊、宽容。这样的人懂得给别人留有余地,永远会受到周围的人喜爱和欢迎。

67、以开放的心态对待不同的意见和观点　　>>>

　　在谈到博客的问题时,奥巴马说道:"我认为博客的危险在于,我们谈话的对象仅仅是与我们观点相同的人。这就意味着,在一段时间内,我们自己的偏见不断被强化,我们不能以开放的心态对待不同的意见和观点。我一直在极力思考这个问题:我们用什么方法使得不同的博客作者能够互相交流呢?不同的观点能够互相交流,使得博客成为一种谈话或对话的方式,而不仅仅是我们互相喝彩的场所。"

　　没有绝对正确的意见和观点,人们之所以意见不同,观点有异,是因为人们所处的立场不同,看问题的角度不同。以开放的心态对待不同的意见和不同的观点,让奥巴马团结了大部分人,最终成为了一国的领袖。

　　在一个复杂的组织内,必然存在着许多复杂多变的情况,如果单靠领导者的无为式管理,就很容易出现很多没有明确归属的工作,而这些工作如果不能及时处理,就会导致整个组织效率低下,并出现各种各样的冲突和矛盾。所以,要想使一个组织内部的各部门之间工作协调,管理者更多的是依靠民主的力量,而不是做"一个人说了算"的"祖师爷"。

　　"一言堂"并不代表领导力强,人民不会觉得搞"一言堂"的领导有魄力,而是觉得这样的领导不够平易近人。拥有"宰相肚"的领导,善于接纳他人意见,人们敢于说话,领导也愿意采纳,这样的领导才会听到更多不同的声音,得出最正确的结论。一个人也只有首先能够尊重别人的意见,才能进而听进别人的意见。

汉文帝被周勃、陈平等拥立为帝。当时北方的匈奴强盛，严重的时候，兵锋甚至惊扰到西汉的都城长安。文帝深以为忧。一次，文帝见侍从冯唐在边上，就问他："你是哪里人？"冯唐回答说："我是赵、代的人。"文帝说："赵、代出名将，李良就很会打仗。"冯唐回答："李良根本算不上会打仗。赵、代的名将，要数李牧、赵奢等。"文帝叹息一声说："是啊，我要是有李牧、赵奢那样的名将就好了。"冯唐毫无畏惧地说："就算有李牧、赵奢那样的名将，您也不会用。"

文帝一听，心里很生气，又不好发作，衣袖一甩，进了内室。文帝在内室站了一阵，消了消气，命人把冯唐叫了进去，说："你说话也太直了吧！好歹也得给我留点面子呀！"冯唐说："我没见过世面，只会说大实话。请您恕罪！"文帝问："你刚才说我有名将也不会用，是什么意思？"冯唐说："李牧守边的时候，征收的钱粮租税，随便花，赵王从不派人查他的账目，所以他把士兵都养得很好，士兵也愿意为他出死力。现在云中太守魏尚，杀敌有大功，不过是在计功的时候，多报了几颗人头，您就免了他的官，还把他关进监狱。这不是忽略人家杀敌的大功，计较人家多报几颗人头的小过么？"

文帝一听，立即命冯唐直接到云中，把魏尚从监狱中放出来，官复原职。

别人提出不同的意见和批评只要是好意的，我们便应该分析问题的原委，虽然最终也可以不接受，但不能一开始就以不开放的心态面对之。如果我们对别人表现出鄙视或者反感，那么这种行为将会渐渐地导致再也没有敢于给我们提意见的人，当我们真正出现错误时，也无法通过别人这面"镜子"来知晓，最终便会犯大错。退一步讲，倘若别人对我们恶意提出批评，我们也能表示尊重，那么，恶意也将慢慢被我们的善意融化。

一个人不怕犯错误,怕的是不肯虚心接受人家的劝告、意见和建议。"多闻者智,拒谏者塞,专己者孤"。以开放的心态面对不同观点,能够赢得更多的意见,也许一百个意见中只有一个是正确的,而我们恰恰能够吸收这一个,对我们本身的帮助也是巨大的。

有人说:"人的一生如同身居森林,鸦雀无声的结果只能让这一片森林了无生机。只有让百鸟齐鸣,才能奏出美好的音乐。"做人就应当如此,以开放的心态接受各种不同的声音,可以因此得来朋友,可以因此笼络人才。

68、流露出谦逊的态度　　　　　　　　　>>>

奥巴马一贯有谦逊作风。上任总统后,奥巴马首次出访参加G20金融峰会时,曾经向沙特国王鞠躬,这一谦逊姿态虽然受到了美国国内一些右翼保守人士的质疑,但仍然获得了很多好评,有人甚至评论说:"奥巴马的作风堪比肯尼迪,奥巴马和夫人米歇尔以他们的魅力和智慧赢得了欧洲媒体的赞许,这是十分罕见的。"

2009年11月,奥巴马前往日本皇宫拜会日本天皇和皇后。见到天皇之后,身材高大的奥巴马几乎是90度鞠躬与日本天皇握手。奥巴马的这一举动又赢得了很多支持,一定程度上在世界面前重新树立了美国谦逊有礼的形象。

2008年,奥巴马竞选总统,在与麦凯恩的第三场电视辩论时,奥巴马的谦逊为他加了不少分。

面对一直处于领先状态的奥巴马，麦凯恩的辩论变得更有侵略性，甚至用动作表达他对奥巴马的蔑视，他高傲地说道："我不是美国总统布什，如果你要和布什竞选总统，你应该在4年前参加竞选。"

而奥巴马丝毫没有受到麦凯恩这种举动的影响，表现出了冷静而谦逊的态度。他平和地说道："如果我有时误把你的政策当作了布什总统的政策，那是因为在对于美国人民来说最重要的经济核心议题上，包括税收政策、能源政策、优先支出等，你一直是布什总统的积极支持者。"

辩论中，麦凯恩不时出现恼火的情况，他无法控制自己的个人情感，尽管他最终解释清楚了自己的经济哲学，但是没能把选民拉到自己这一边来。而奥巴马始终把讨论的要点集中在具体的问题上，而且在整个辩论过程中，他一直保持着严肃、理性的姿态，奥巴马表现了自己克制、冷静的态度以及对麦凯恩的尊重。

说服别人并不意味着同别人争吵，争吵只会把谈话变成僵局，就算自己真的有道理，也会因为争吵而让自己失去道理，对方也会因为争吵而失去理智，甚至感觉自己没有面子，最终不会接受我们的观点。本杰明·富兰克林说："如果你与人争论和提出异议，有时也可取胜，但这是毫无意义的胜利，因为你永远也不能争得发怒的对手对你的友善态度。"

如果我们想让别人接受我们的观点，首先应该做到的就是以谦逊的态度说出自己的观点，最好预先表示自己同意对方的部分意见，缓和气氛，即使你不赞成他的意见，也要向他们表示你能理解他们的态度，尝试着做些非原则性的让步，对方看到了我们谦卑的态度之后，或许就可以接受我们的建议。

有时候，我们争论的问题往往是一些无关紧要的东西，没有必要

第九章
会学习，从所有值得学习的地方汲取资源

辩论出谁对谁错，这个时候，流露出谦逊的态度并接受别人的意见是可取的。美国前总统罗斯福对他的反对者总是和颜悦色地说："亲爱的朋友，你到我这里来和我争执这个问题，真是太棒了。但是我们两个的见解显然不同，所以让我们来讲些别的话题吧。"

一次宴会上，坐在卡耐基旁边的先生讲了一个幽默的故事，其中说到这样一句话："无论我们如何逃避，终究逃不过宿命的结局。"随后他又解释说这句话出自《圣经》。卡耐基听后立刻纠正他，这句话其实出自莎士比亚的作品。但那个人十分坚决地否定了他："不可能！我确定这句话出自《圣经》！"

卡耐基非常不甘心，非要弄个水落石出。恰好，宴会上有一位卡耐基的老朋友克里，他对莎士比亚著作有较深的研究。于是，两人把问题交给克里裁决。克里听后，沉思了下，说道："卡耐基，你错了，这位先生是对的，那句话的确出自《圣经》。"

宴会散场后，卡耐基对克里说："事实上，你知道那句话是出自莎士比亚的作品，对吧？"

克里回答得很干脆："是的，出自《哈姆雷特》第五幕第二场。但是，作为一个宴会的客人，为什么非要证明他是错的呢？为什么要同他争辩呢？这样他会丢掉面子，你也并没有什么好处，我们要永远避免正面的冲突。"

从那次以后，卡耐基就尽量避免同别人争辩，他说：天下只有一种办法能得到辩论的最大利益，那就是避免辩论。

待人接物时，经常流露出谦逊的态度，能够让我们的人格更加完善，提高自身修养，为自己赢得更多的人气。谦逊丝毫不会影响一个人的伟大，反而会为伟人增添很多人性色彩，让他们的形象更加光辉。牛

顿是一名伟大的科学家,他在临死前是这样评价自己的:我只是像一个在沙滩上玩耍的男孩,一会儿找到一颗特别光滑的卵石,一会儿发现一只异常美丽的贝壳,而与此同时,真理的汪洋大海在我眼前未被认识。

　　没有人会喜欢并支持一个暴躁无常、自以为是的人,不被人支持的人不会成为强者。而谦逊能够赢得喝彩和掌声,使他得到更多的支持和爱戴,或许他"现在"不是强者,但他必将成为强者。

广结网，成功需要众人支持

69、王者从不做独来独往的狼 >>>

2011年,奥巴马竞选总部仍然设立在芝加哥市,这是美国历史上总统首次将连任竞选总部设在华盛顿以外的地方。奥巴马说道:"我不希望自己的竞选仅仅听到来自学者和权力代言人的声音,站在这里的支持者才是让我开启白宫之路的人。"

尽管2008年的竞选方式对于奥巴马来说稍微显得有些"过时",但王者从来不是独来独往的狼,他仍然要依靠自己的优秀团队来铺设自己的连任之路,奥巴马仍然打算在互联网上下工夫,他的竞选团队主管表示:将会在互联网上做出更多的努力。

奥巴马2011年的竞选总部占地5万平方英尺,几乎是2008年的两倍。在竞选办公室里,工程师们奋力敲击着键盘,他们在进行一种新的研究:如何在iPhone手机、社交网站和微博上创造新的传播模式,以求更有效地传递信息。

创新官员迈克尔·斯拉比透露:为了研究选民的身份和需求,团队要开发一种电脑程序,用以梳理选民的行为模式信息。有了这些信息,竞选团队就可以更有针对性地与选民进行互动,改善资金筹措等工作了。比如,团队可以根据选民诉求,向不同的选民发送不同宣传口号的视频,以展示奥巴马对选民的体贴入微。

与2008年比较起来,奥巴马的团队想出了更加有效利用竞选义工团队的方式。在新网站上,竞选义工不需要创建用户名,不需要上传照片,只需要利用其他账号就可以立即登录竞选办公室的任何网站。这样就能更加有效率地发挥义工团队的作用,竞选团队也能凭此及时地关注到选民,并了解选民的自身特色。

奥巴马的技术团队也同样非常关注智能手机。2010年11月时,奥巴马团队重新设计了他们的宣传网站,不仅能使得所有移动终端用户都能够浏览该网站,还能让民众更加容易地通过手机网站登记成为竞选义工和他的支持者。

奥巴马非常善于运用团队的力量,在竞选中,他雇佣了各种专业团队,包括参谋、网络、宣传、服装造型师、高科技研发师等。2011年,奥巴马仅仅在芝加哥就雇佣了200多名员工,比罗姆尼全国的竞选人数总和都多,团队主管说道:"我们在全国有众多工作人员,他们四五年来一直在这个竞选筹备系统中工作,经验丰富,这些是罗姆尼等共和党候选人所欠缺的。"

俗话说:"人多力量大。"一个人的力量无论多么强大,也不可能做出特别大的成就。一项伟业总是由很多人合力完成的。福特曾经给自己的研发团队出过一个难题:研发8个缸的汽车。研发团队一开始感到非常头疼,在福特的强力坚持下,经过团队的合力,终于获得了成功,进而造就了福特的伟大事业,给福特带来了"汽车大王"的称号。

二战爆发时,时任美国总统的罗斯福提拔马歇尔为总参谋长,这一决定在军队立刻引起轩然大波,因为马歇尔资历不深,经验有限,很难保证他能够胜任这份差事。

但是,那些持有反对观点的人明显是多虑了。马歇尔走马上任伊始,就开始大胆擢升一批有非凡才干的青年军官,其中有艾森豪威尔、克拉克、巴顿等。他们都成了率领美军在第二次世界大战中驰骋战场独当一面的司令官。由于罗斯福的知人善任,敢于破格用人,所以欧洲战场的美军在短时间内赢得了战争的胜利。

罗斯福在第一个总统任期内，以恢复经济为主要施政纲领，在他的筹划之下，政府成立一个证券交易委员会，任命约瑟夫·肯尼迪担任这个委员会的主任。约瑟夫·肯尼迪出生于政治世家，对政治经济学有着天然的悟性，罗斯福在没当选总统之前就与他结识，并逐渐认识到这个人在证券和投机方面都有着非凡的才干。

当时有许多人不看好约瑟夫，因为他是靠投机发财的，由他出任证券委员会的主任无异于让一个黄鼠狼来照看鸡群，但这恰恰是罗斯福知人善任之处。在罗斯福看来，让贼来捉贼，就是消灭贼的最佳办法。果然，约瑟夫任期内制定了很多改革措施，堵塞了证券交易中的许多漏洞，股票交易日趋规范，投资人的权益越来越有保证，股票信用逐渐恢复。

一个优秀的领导一定是善于运用团队力量的人，用独到的眼光发现人才，组建团队，然后使得团队能够发挥出强大的力量，进而使得一项事业得以完成。一个人哪怕自身能力再高，也无法单独完成一项事业，三国后期，蜀中就是因为缺少人才，没有优秀的团队，诸葛亮只得事事躬亲，最终劳累而死。

真正的王者不是事必躬亲地做每一件事情，也不是让自己对每一件事情的每一个环节都有完全的了解，而是善用团队力量。善用团队力量的人，可以工作并不辛苦，就能完成非常困难的事情。因为他可以把那些棘手的工作分成各个环节，让不同的人才去完成。协调了各部分之间的关系，众多的人围绕在身边取得了各自的成就，这才是真正的王者。

70、站在巨人的肩膀上起飞 >>>

奥巴马说过:"在这个伟大的国家,每个时代都会有新一代人崛起,他们扛起国家进步的重任。现在,又到了新人崛起的时候了。在这个每时每刻都在变化的时代,只有具有新鲜生命的人,才能带来新的血液和前进动力。我们不能否认,成功总伴随着各种挫折,即便是林肯也曾有举步维艰的时刻,但是他凭借自己的意志与决心,克服困难勇往直前,实现了一个国家的进步和统一。"

奥巴马曾经多次提到过美国先贤建立国家的信条,并强调他就是站在先贤肩膀上的一个"传承者"。

在2007年2月10日的伊利诺斯州首府斯普林菲尔德,奥巴马宣布参选,他提到了林肯,并有意说出要继承先贤的志愿,他讲道:"正是在这里,在斯普林菲尔德,其中北、南、东、西走到一起,这使我想起了美国人民的基本礼仪。在那里我开始相信,通过这个雅观,我们可以建立一个更有希望的美国,而这也就是为什么,在旧州议会大厦,在林肯曾经呼吁的一个分裂的房子面前站到了一起,其中我们共同的希望和梦想还在延续,我今天站在你们面前宣布我将竞选美国总统……今天,我们再次呼吁,是时候为我们这一代人来回答问题了,因为这是我们不屈的信念,在重重困难面前,人们相信爱自己的国家可以改变它。这就是亚伯拉罕·林肯的理解。"

他继续说道:"让我们在一起开始这项艰苦的工作。让我们改造这个国家。……让我们建立高标准的学校,并给予他们成功所需的资源。

让我们来招聘一支新军的老师，并给予他们更好的待遇和更多的支持，以换取更多的责任。这是我们的时刻，我们的时代……"

奥巴马如此评价过林肯："他的伟大与他的生命历程有关。他的脱离贫困，他的自学成才，他对文字和法律的高超掌握，他战胜个人损失，他拥有在挫折面前不屈不挠的力量。"林肯废除了奴隶制，签署了《解放黑奴宣言》，而当今的美国有了与林肯时代不一样的问题，奥巴马就是在这个基础上当选了美国总统。

牛顿曾经说过："如果说我比别人看得更远的话，那是因为我站在了巨人的肩膀上。"这一句话不仅仅是牛顿的谦逊，而且揭示了人生成长的真谛。易卜生和奥尼尔都是诺贝尔文学奖获得者，奥尼尔是美国民族戏剧的奠基人，易卜生是挪威的剧作家。奥尼尔在诸多的剧作家中选择了易卜生，因为在他的戏剧中看到了自己的身影。在长达近半个世纪的创作生涯中，奥尼尔经历了对易卜生早期的简单模仿，经过中期的努力之后，最终，巨人的肩上诞生了另外一位巨人。

凡尔纳18岁那年，他的父亲让他去巴黎学习法律。凡尔纳生性好玩，学习法律并不认真。在一个晚会上，他想要在没有结束的时候开溜，于是趁人不备，沿着楼梯的扶手滑了下去，恰巧撞到一位胖胖的绅士身上。

凡尔纳感到非常尴尬，道歉之后，随口问了对方一句话："吃饭没有？"

对方回答说："刚刚吃过南特炒蛋。"

凡尔纳听后摇了摇头，说道："巴黎没有正宗的南特炒蛋。"然后，他说自己是南特人，对这道菜非常拿手。

胖绅士听后非常高兴，便真诚地邀请凡尔纳登门献艺。

第十章
广结网，成功需要众人支持

　　这位胖绅士正是法国当时最著名的作家大仲马。从此以后，凡尔纳就在大仲马家住下了，并开始向大仲马学习写作。在写作上，大仲马对凡尔纳影响很深，以至于小仲马感慨地说道："就文学而言，凡尔纳更应该是大仲马的儿子。"

　　在大仲马的帮助之下，凡尔纳也成为了一位著名的作家。

　　我们在奋斗的道路上，在实现我们自身价值的过程中，可能没有那么好的运气得到巨人手把手的帮助和指导，但仍然要充分吸取前人的经验和教训，从前人不屈不挠的精神中得到力量，以一种传承的信念去包装自己，以便让自己走向更远的未来。我们可以从他们身上学到很多有利于自己的东西，延续他们的梦想，站在他们的肩膀上采摘胜利的果实。

　　伟人之所以成为伟人是因为他在自己的领域里付出了极大的努力，而后才取得了很高的成就。如果我们不学习前人，而是闭门造车，那么，前人所付出的一切都不会给予我们启示，我们研究出来的还往往是前人已经完成的东西，这就没有太大的意义了。

　　站在巨人的肩膀上的另一个原因是，巨人们在实现自己人生价值的过程中，一定走过了太多的崎岖，而我们不会是这条路上唯一的人，不会是我们所从事的行业的第一人，我们借鉴他们成功或失败的经验可以让我们少走很多弯路，能够更加容易地走向未来。

71、关注每个人拿手的事情　　　　　　　>>>

有人把奥巴马的精英朋友团分成三大帮派："华府帮"是奥巴马来到华盛顿之后结交的一些朋友；"哈佛帮"是奥巴马在哈佛上学时打下的基础；"芝加哥帮"是奥巴马在芝加哥工作时结交的人脉。每个"帮"都有不同的拿手好戏："华府帮"的人擅长外交，"芝加哥帮"的朋友擅长筹款，"哈佛帮"则善于出点子。

奥巴马的经济顾问米切尔·弗罗曼和国内政策顾问卡桑德拉·巴特斯就是"哈佛帮"的重要成员，在奥巴马与麦凯恩角逐总统时，他们出主意说："美国选民最为关注的是经济问题，只要捏住共和党的经济死穴，那么麦凯恩就没有翻身的机会。"得到这样的金玉良言，奥巴马在经济上对共和党连番攻击，最终走到了终点。

芝加哥有奥巴马"第二故乡"的说法，而奥巴马在芝加哥结交的一些朋友多为商界和法律界人士，"芝加哥帮"的核心成员是曼哈顿律师合伙人约翰逊。同奥巴马一样，约翰逊也是出身底层，他的母亲是一个小报社的记者，父亲是一名心理学家。

考上芝加哥大学后，约翰逊并不是一个成绩优秀的学生，但他爱上了这座城市。在芝加哥上学期间，他给当地的一家小报社打工，专门报道芝加哥城市发生的街头政治以及普通人的生活状况。因此，大学毕业后，约翰逊已经对芝加哥的平民生活非常了解。而在这个过程中，约翰逊学会了如何与人更好地打交道。

奥巴马了解约翰逊的长处，并对他委以筹款重任，他把芝加哥和

第十章
广结网，成功需要众人支持

纽约的一大批商界精英网罗到了奥巴马的旗下，其中包括全美停车场连锁企业家马丁·纳斯比特、美国商界大佬瓦勒里·杰里特、投资基金会创办人约翰·罗杰斯等。这些人除了为奥巴马提供大笔银子外，还利用自己庞大的关系网，动员美国商界为奥巴马出钱出力，在奥巴马的竞选活动中发挥了"筹款机"的作用。

奥巴马在华盛顿结交了赖斯，此前，赖斯负责外交事务，并在美国外交界积累了广泛的人脉，在很短的时间内，她就为奥巴马召集了几十人的外交顾问团队……奥巴马关注不同朋友的优点，并让他们发挥各自长处，最终都为自己的总统之路做出了贡献。

完成任何一个稍具规模的事业都需要众多的人员、丰富的物力，一个人的能力是远远不够的，秉性不同、资源不同、特长不同的人们合作起来刚好可以优势互补，使得事业能够最终完成，各自都取得自身成就。比尔·盖茨和保罗·艾伦，两个人的兴趣、个性不同，盖茨善于捕捉市场，艾伦更加热衷技术，两个人珠联璧合，成就了微软帝国。

身为一个组织者，或者一项事业的最高负责人，发现不同的人各自的长处和优势是份内的事情，要做到知人善任，充分考虑人才的具体特点，把他们放到合适岗位上。比如，有的擅长分析，有的擅长综合，有的擅长管理，有的善于交际等。特定类型的才能应与特定的工作性质相适应。

汽车大王福特十分注意招揽人才，并善于根据人才的特点和要求，让他们发挥最大作用。

广告设计师佩尔蒂埃在产品的营销方面有相当的天赋，福特发现了这一点，于是让他负责T型汽车的营销策划，并取得了巨大的成功。

埃姆不仅技艺精湛，而且善于调兵遣将，但长期得不到赏识，因此郁郁寡欢。福特发现后，对他给予了极大的重视，为其施展自己的抱负提供了相当大的空间。在用人上，埃姆甚至可以自己说了算，这使埃姆为公司聚集了许多精兵强将。

负责福特汽车推销的库兹恩斯，是个虚荣、自私、性情粗暴的人，却又聪明能干、善于交际、处事果断。福特用其所长，视为臂膀，委以重任。结果，库兹恩斯独创了一种推销方式，轻而易举地在各地建立了经销点。

由于每个人都能找到在公司的最适当位置，使得福特公司的生产面貌焕然一新，到1925年，甚至创造了10秒钟生产出一辆汽车的世界记录，福特公司达到了登峰造极的地步，为当时的同行望尘莫及。

工作对人的要求不同，才能与职务应该相称。而每个人，都有一个他最适合的位置，在这个位置上，他能发挥最大的功效。职务以其所能和工作所需结合而授，叫"职以能授"，这样，既不勉为其难，也不无所事事。扬其所能，其工作自然积极，管理效能也必然提高。

有人说："金子在合适的地方才能发光。"一个人才只有在做他拿手的事情的时候，才能够展现才华。每个人有不同的优势和弱点，如果一个领导者总是关注一个人的不足，必然不会把他用在对的地方；如果能够关注到他拿手的事情，并充分利用，就能取得意想不到的成功。索尼公司抛开文凭标准，坚持不拘一格地选拔人才，并充分发现了不同人才的优点，使得索尼公司逐步形成了一支庞大的科技和管理人员队伍，并且实现了人才结构的大体平衡。

如果一项事业中聚集着若干为这项事业贡献知识和汗水的人才，并且这些人才都在各自适合的岗位上站岗，那么，这项事业即使暂时没有取得成功，那距离成功也不远了。

72、没有不能联合的人 >>>

在美国，同性婚姻问题和死刑、堕胎问题一样，是一个非常敏感的问题。随着同性恋人口在美国社会的逐步增长，美国人支持同性恋婚姻的比例也已经大幅上升，奥巴马产生了把他们拉拢过来的想法也在情理之中。2012年，奥巴马总统竞选期间，发表了一份声明：支持同性恋婚姻。因此，他成为了美国历史上第一位表示支持同性恋婚姻的在任总统。

奥巴马总统对于同性恋婚姻的支持引起了巨大的社会关注，有些美国政坛要人明确表示对此坚决支持，他们还对奥巴马的勇敢姿态致以了谢意。奥巴马发表这份声明是一次政治赌博，但他在作这个决定之前，已经做过了非常全面的风险效益评估。对于那些保守人士，奥巴马知道很难改变他们的想法，但他仍决定兵行险招去联合那些支持同性恋婚姻的人士。

在发表这份声明90分钟之后，奥巴马就获得了100万美元的政治捐款。

19世纪英国首相帕麦斯顿对于国与国之间的关系说过这样一句话："没有永远的朋友，只有永远的利益。"20世纪的英国首相丘吉尔一直把苏联视作英国的敌人，后来希特勒掌权了德国，丘吉尔于是提议联合苏联，共同应对最大的敌人希特勒。在这样的明智之举下，美英苏中赢得了二战的胜利，建立了联合国。

其实，不只是国与国之间，现在社会中，人与人之间已经没有了所谓的深仇大恨，人们之间的摩擦大多是建立在利益纠纷之上的，既然纠纷起于利益，那么联合也可以因为利益。

微软公司创建于1975年，目前是全球最大的电脑软件提供商，其主要产品为Windows操作系统、Internet Explore网页浏览器及Microsoft Office办公软件套件。

而1976年，苹果公司成立，1977年苹果推出划时代的Apple II电脑，使得苹果公司的电脑和系统越来越受欢迎。之后，微软就和苹果展开激烈的竞争，乔布斯甚至公开指责比尔·盖茨抄袭自己的设计。因为双方都立志要成为最好的电脑公司，于是你来我往，针锋相对，谁也不愿意落后，甚至有的时候还奚落对方的产品。

但是在1985年，乔布斯因为权力斗争被迫离开了苹果公司，新上任的主管将产品线推向两个方向，即更"开放"和更高价，致使苹果产品的售价越来越高，而创新力越来越不足。

终于苹果公司在1996年亏损了10亿美元，并且濒临破产。乔布斯重回苹果后选择了与昔日的竞争对手微软合作，比尔·盖茨考虑到微软的利益，选择了和乔布斯合作……

微软在1997年投给快要破产的苹果1.5亿美元，他们的协议里包含了最重要的专利交叉共用5年的内容。在合作中，他们都得到了各自的利益。

没有不能联合的人，如果一个人觉得有些人是"敌人"，有些人性格恶劣，有些人脾气太差等，而觉得这样的人不能联合，那就大错特错了。当我们想要达成自己的目的，实现自己的梦想时就应该放下过去的摩擦，包容每个人身上的弱点，而去联合他们。因为毕竟过去的已经过去了，而一些小毛病不会影响一个人的才华。

一个拥有事业心的人永远盯着的是自己的事业，不会让其他的一些事情影响自己团结人才，更不会影响整个事业计划的进程。

73、寻求帮助可以渡过难关　　　　　>>>

美国大选其实就是一场双方候选人寻求选民帮助的"游戏"，谁能争取到更多的投票，谁就能到达权力的顶峰。这样一来，双方就都需要使出最大的"力气"来拉拢更多的人。奥巴马还是伊利诺伊州参议员的时候，他就和美国演艺界一线男星乔治·克鲁尼建立了较为熟悉的关系。2008年大选时，奥巴马得到了克鲁尼的帮助，他把自己和克鲁尼的一张合影裁开，将自己的那部分照片做成了竞选海报。

2012年5月份，他又来到好莱坞，出席克鲁尼为他举办的筹款晚宴，并用调侃的语气重提往事："这是历史上首次乔治·克鲁尼被从一张照片中抹去了。"之后，他感谢了克鲁尼对他的帮助："我们筹到了很多钱，因为人人都爱乔治。他们确实也喜欢我，但他们真正爱的是乔治。"

美国总统竞选还有这样一种说法：初选走两边，大选走中间。在大选日临近的11月3日，奥巴马和罗姆尼的选情依然胶着。民调显示，在8个事关选举胜负的"摇摆州"中，奥巴马在威斯康星州、俄亥俄州、新罕布什尔州、爱荷华州、内华达州占据一定优势；罗姆尼则在佛罗里达州稍微领先；在弗吉尼亚和科罗拉多州，两个人不相伯仲。

与罗姆尼背后的庞大财团不同，奥巴马寻求到了一份对他来说非

没什么不可以

奥巴马给年轻人的88堂课

常难得的支持：前总统比尔·克林顿。

克林顿给予他的帮助可谓是毫不吝啬。他比奥巴马本人发表的演讲还要多。在拉票演说中，克林顿用嘶哑的嗓音低声说："我为我的总统效劳，并献上我的声音。"

克林顿还提到了奥巴马应对经济问题、对待中产阶级以及作为美国最高司令官的方式，就像年长一辈提携后起之秀一样。

在两次总统竞选中，奥巴马寻求了很多帮助，许多专业人士的支持，好莱坞明星的帮助，企业家和工人等等的帮助筹款，还有许多党内人士的全力支持……

寻求别人的帮助是取得成功的一个途径。很多时候，我们知道谁可以帮助我们，却总是羞于开口。"帮我个忙好不好""能求你件事吗""我需要你的帮助"之类的话说出来其实并不可耻，因为我们每个人都不可能十全十美，都不可能独立完成每一件事，需要别人的帮助是再正常不过的事情。谁能"舍得"开口，谁就能更快获得成功。

很多人不肯寻求别人的帮助是因为怕给别人添麻烦，其实对于求助，大多数人是乐于去帮忙的，很多人会在帮助别人的过程中感到快乐。当我们主动地多次寻求帮助后，往往会发现：有那么多乐于帮助我们的人，工作中的问题总能迎刃而解。

有些人不肯寻求别人的帮助是因为害怕被人拒绝而丢了面子，其实不去尝试，永远不知道别人是否会帮助我们，被人拒绝也只是很平常的一件事情，大不了到时再自己动手，或再寻求其他人的帮助。

菲尔是一家电器公司的销售主管，他的业绩非常好，一直是同事们羡慕的对象。然而，菲尔刚刚来到公司的时候，业绩却并不理想，他

第十章
广结网,成功需要众人支持

的销售额总是排在公司的后几位。那时的菲尔对销售工作极其陌生,于是他经常向同事们请教相关问题,可是同事们害怕他抢了自己的客户,没有人对他坦诚相告。

刚开始的时候,菲尔依靠自己的学习,后来,他发现依然应该主动寻求帮助,于是,一有机会,他就向公司上上下下的同事请教业务知识,不放过任何一个熟悉公司业务的机会。

有一回,他和公司的一个门卫聊天,发现门卫竟然对公司的业务非常精通,而且这位门卫有非常丰富的人生阅历,懂得如何与客户打交道。菲尔很是惊喜,和门卫畅谈了良久。后来,但凡有工作上的困扰,菲尔都诚恳地来请求门卫给予帮助。

在门卫的帮助下,他和客户打交道越来越得心应手,工作业绩直线上升。后来,他成为了公司的销售主管,为了让公司业绩提升,他鼓励员工们之间互相帮助,大家共同获益,共同进步,每个员工都要养成请求别人帮助的习惯。

寻求帮助能够使得我们渡过难关,在遇到困难时,寻求他人帮助是一个非常明智的选择。这表明我们能够非常清晰地分辨自己的能力,了解自己能做和不能做的事情,并且能够对各个问题之间进行合理地安排。寻求帮助或许会暴露一些我们自身的能力不足,但终究有利于事情的顺利进展。

寻求别人的帮助是一种为人处世大方自然的表现,并不会让我们的形象向负面方向发展,反而会使我们结交到更多的朋友。有人说:"朋友之间就应该互相打扰。"在寻求别人帮助之后,那些真正来帮助我们的人必定会被我们看成朋友,这样一来二去,不只解决了问题,朋友也多了起来。

74、和成功人士"抱团"　　　　　　　　　>>>

　　四年一次的党代会是美国大选年两大政治阵营为争夺白宫筹划的"全体总动员",两大阵营的党代会会把各方全党的成功人士聚在一起,并且支持各自的候选人角逐白宫。2008年民主党党代会期间,民主党的代表们主要讨论了两个议题:党内要团结一致,反对分裂;拥护奥巴马,反击麦凯恩。

　　在第一天的开幕式上,时任民主党全国委员会主席的迪安和众议院议长佩洛西做了演讲。前来参加大会的还有身患癌症、正在住院治疗的资深参议员泰迪·肯尼迪,他发表了简短的演讲:"任何事情都无法阻止我来参加这一次重要的聚会,我要和大家一起改变美国,重建未来,选举出奥巴马为美国总统。"身患重症的肯尼迪能够到来让代表们深受感动,他对奥巴马的支持坚定了党内代表和选民对奥巴马的认可度。在这一次大会上,奥巴马和许多民主党重量级人士"抱团",为总统之路奠定了坚实的基础。

　　2008年夏天,前美国国务卿,也是美国历史上第一位黑人国务卿鲍威尔表示,对共和党在竞选过程中的丑行感到非常失望。对于共和党人利用埃尔斯的问题,鲍威尔在10月19日上午的《与媒体见面》的节目中发表了自己的看法:

　　"我们为什么要在全国范围内做那样的事情呢?打那些电话的动机是试图暗示奥巴马参议员与埃尔斯先生因为有一点儿非常有限的联系,他的身上就存在污点了吗?麦凯恩他们想做的是把奥巴马和恐怖分子联系起来，我觉得这么做是错误的……"

在批评麦凯恩之余，鲍威尔还赞美了奥巴马身上具有包容性的优点："奥巴马风格与实质皆备，他具有成为一名杰出总统的素质，我会投巴拉克·奥巴马一票。"

初选时，肯尼迪家族支持奥巴马，为奥巴马争取到了很多民主党中间派和独立选民的支持，鲍威尔对于奥巴马的公开支持帮助奥巴马争取到了更多共和党中间派和独立人士的选票。

奥巴马20日在美国全国广播公司节目《今天》中对共和党人鲍威尔公开支持自己表示感谢，称鲍威尔"可能担任我的顾问"。他说："一旦当选总统，鲍威尔是否愿意在政府中担任正式职务，将是我们需要商讨的问题。"

奥巴马聚拢了很多成功人士，并借此为自己赢得了更多的支持，因此，他取得了最终的胜利。

很多人能够取得成功就是因为——自己本身非常优秀，而且自己能够聚拢更多的优秀人才。罗宾·彼特格雷夫曾经说过："我并不是特别聪明，但我周围有一群才华横溢、富有激情的员工。曾经有一段时间，我和那些商业合作者谈生意时，作出决定是一件非常痛苦的事情，因为我不知道自己的决定是不是完全正确。但是后来，我从与这些成功的下属的合作中得到了进步，现在，我自信能够做出正确的抉择。"

马云和孙正义第一次坐到一起时，马云没有钱、没有名气、没有太多的工作经验，孙正义是软银集团董事长、亚洲首富。初次见面6分钟后，孙正义决定给马云的阿里巴巴投资。那个时候，他们彼此都认为对方是一定要握手合作的那个人。

很多人可能觉得马云那时还并不算成功人士，但在孙正义眼里，他就是一个成功人士,他的商业模式是全新的,这本身就是一种成功,孙正义说:"你会成就中国第一家真正的互联网公司,由中国人自己创立的新的商业模式,并在这个模式里取得世界第一。在当时,不管是日本的还是欧洲的互联网公司,它们只是复制美国的成功模式,阿里巴巴创立了一个全新的商业模式,因此,你一定会成功。"

此后,两位成功人士走到了一起,马云并没有让孙正义失望。

后来,孙正义和马云见面时,又说道:"我当时想,阿里巴巴会发展得和谷歌一样大,谷歌扩张的基础是广告,而阿里巴巴不仅仅依靠广告,这会使得阿里巴巴走得更加稳健。阿里巴巴面对的是全球市场,而不仅仅是中国。所以,我希望与马云一起,与阿里巴巴一起,取得更大成就。"

艾思奇说过:"一个人像一块砖砌在大礼堂的墙里,是谁也动不得的;但是丢在路上,挡人走路的话,是要被人一脚踢开的。"优秀的人做一个独行侠不会实现多大的成就;与不成功的人在一起,一个有才华的人只能被拖累;只有与成功人士或潜在的成功人士合作,才能让自己发挥才能,并借助成功人士的帮助走向巅峰。像百事可乐、可口可乐、微软、苹果等等这样杰出的公司,无论在什么地方,都会发现一大批成功者,这些企业的领导善于找出比自己更加优秀的杰出人才,这样的人们组建在一起,才造就了辉煌。

成功人士更愿意和成功人士在一起,自己拥有能够帮助其他成功人士的资本,才能获得成功人士的青睐,这样"抱团"起来,才互有价值。因此,与成功人士"抱团"首先要让自己有一定的成绩。

75、尊重和信任是合作的基础　　　　　　　>>>

　　奥巴马对于与他合作或者将要合作的人都表示过充分的信任和尊重,在2008年的民主党党代会上,虽然希拉里已经在6月份承认大选失败,但奥巴马仍然同意与希拉里一起作为总统候选人提名人选,让代表们进行投票,表示了对希拉里的充分尊重。后来,奥巴马邀请希拉里担任国务卿一职时,更是充分表现出了对她的尊重和信任,他说:"希拉里智力过人,尤其坚强,有极好的职业道德……我对她有十足的信心,她认识世界上很多领导人,能够在各地赢得尊敬,她显然有能力促进美国在全球的利益。"

　　尊重和信任是合作的基石,没有它们,就没有合作。连起码的信任和尊重都做不到,就算勉强合作,也不会达到满意的结果。一个高效的团队最重要的特征就是成员之间的互相尊重和信任。每个人都有各自的性格、特点和各自的工作能力,并承担着不同的工作,信任和尊重能够使人们更加愉快地高效工作,能够更加良好地互动。杰拉德和大卫是非常好的合作关系,人们经常用这样的话来形容他们两个:汽车上的两个轮子、理想的分管经营……这也正是二人公司成功的关键。

　　杰拉德是一位百分百信任大卫才华的技术人员。杰拉德总是待在技术研究所里,穿着一身工作服,解决和管理一切技术问题,但他本人却不善于理财,在这方面,他给了大卫充分的信任,并且对于他的营销管理的决定充分尊重。

　　大卫不懂技术,但具有筹集资金、推销产品的能力,他无法给杰拉德带来研发上的意见，于是他觉得能够做的就是信任，他曾经说过："只要为了杰拉德，我自己什么都可以放弃，没有任何犹豫。也许正是因为这样，杰拉德才毫不顾忌地把营销工作交给了我。"

因为杰拉德是商品的研发者，因此，他是公司的最高领导，每当商品研发出来，大卫的用武之地就到了。合作中，两个人互相尊重和信任，使得公司迅速发展。

有一次，杰拉德决定建立工厂，有人问："大卫的做法真的可行吗？"

杰拉德的回答是："说实话，我对此并不清楚，但既然那个家伙说可以，就一定没有问题。"

没有人希望被与自己合作的人怀疑，越是优秀的人越不愿意受到怀疑，无论是能力还是其他。当一个人得不到信任时，合作将会很快终止，只有当他充分得到信任的时候，他才愿意发挥出最大的潜力来投入到工作中去。

而尊重是靠信任体现的，如果一个人总是感觉自己备受怀疑，一定会产生一种不受尊重的感觉。其实，在合作中除了靠信任表示对他人的尊重之外，还应该在平时的为人处世中，让人感到一种被尊重感。不只是要在平级之间、与领导之间做到这种尊重，与下级之间也要做到这种尊重。每个人都有渴望被尊重的要求，不论资历深浅、能力强弱，当对方受到尊重时，往往能够发挥更大的积极性来与我们合作，最终使得工作效率更高。

尊重和信任是合作的基础，是使一项目标、一件任务能够顺利完成的保证。

76、精心挑选合作伙伴 >>>

2008年，希拉里退出竞选后，奥巴马就剩下了唯一的竞争对手——共和党资深参议员约翰·麦凯恩。这个时候,奥巴马开始积极组建自己的竞选团队,他知道竞选团队的重要性,这个团队不仅能够帮助他进行竞选,而且如果竞选成功,其中的成员还将会成为他未来施政的人事基础。

在民主党的帮助下,奥巴马精心组建了一支阵容豪华、实力雄厚的团队。在由13个人组成的顾问小组中,包括前国务卿德琳·奥尔布赖特、前国防部长威廉·佩里、前国务卿沃伦·克里斯托弗等政要,还包括印第安纳州前众议院汉密尔顿、佐治亚州前参议员纳恩等经验丰富的政治家。精心挑选这样的团队,一方面是奥巴马为自己可能的未来白宫生涯铺路,一方面弥补自己的政治经验不足。

2012年,希拉里卸任国务卿的消息传出后,奥巴马不得不精心挑选一个合作伙伴担任自己的国务卿一职。在美国,国务卿是个非常重要的职位,是仅次于总统、副总统的国家高级行政官员。

美国媒体普遍认为,奥巴马极可能提名驻联合国大使苏珊·赖斯接替希拉里。苏珊·赖斯是坚定的民主党人,出生于华盛顿。1997年,她出任非洲事务助理国务卿,成为最年轻的助理国务卿,任期内经历了1998年坦桑尼亚和肯尼亚大使馆遭袭击,有处理各种"突发事件"的经验。

经过充分考虑,奥巴马最终却决定克里出任国务卿一职。克里毕业于耶鲁大学,1966年至1969年在美国海军服役,参加过越战,被称为越战英雄。1984年首次当选联邦参议员,4次赢得连任。2004年,克里作为民主党候选人挑战时任总统小布什。此外,克里还具有较为丰富的处理中东事务的经验。

对于克里担任国务卿一职,奥巴马评论说:"没有多少人像克里一样结识众多国家的总统和总理,并且赢得他们的尊敬和信任,也没有多少人像他一样对美国对外政策有着透彻的理解,因而克里是今后几年主导美国外交的完美人选。"

奥巴马挑选合作伙伴可谓煞费苦心,内阁中每一个成员都是各方面的精英,帮助他顺利执政。同为美国总统的富兰克林·罗斯福,当他还是纽约州州长的时候,就已经开始为总统选举和未来施政做准备了,因为这个时候,他就已经开始组建自己的智囊团和改革班底。后来,这个极具远见的措施带来了非常好的施政效果。罗斯福竞选总统成功之后,其团队中的摩根索成为了他的财政顾问,霍普金斯则先后出任了联邦紧急救济署署长和商务部部长,他们都对罗斯福实施新政发挥了极其重要的作用。

挑选合作伙伴需要考虑多方因素,我们经常需要考虑到的就是:合作伙伴能够弥补我们的缺点和不足。约翰·休特擅长技术,他在美国创立了一个公司,为数据中心管理提供解决方案,但他很快意识到自己虽然是个优秀的技术官,但不擅长管理,通过网络人脉,他为自己找到了一个很好的合作伙伴迈克·哈伯来担任公司CEO。

如果我们做事急躁,就选一个稳重的合作伙伴;如果我们不拘小节,就选一个细致入微的合作伙伴;如果我们脾气暴躁,那么,就挑选一个能够容忍暴脾气的"老好人"。总之,各方面能够互补,做事就更容易成功。

第十章
广结网,成功需要众人支持

在美国的南北战争期间,林肯总统曾不顾全国会官员的强烈反对,坚持雇用了一个十分"另类"的军事参赞。这个参赞之所以不被人们看好,是因为他大大咧咧、拖拖拉拉的性子与文质彬彬、勤勤恳恳的历届参赞们大相径庭。

顶着一片质疑声,林肯仍旧任用了他。原因很简单,由于当时国内形势的压力实在太大,林肯性格又过于刚强,经常会和国会和军事指挥官为战争形势争吵,而后就长时间地把自己关在屋子里沉默不语。

而这个参赞最大的优点就是经受得住被骂,无论林肯怎么骂他,要不了5分钟他肯定会回来,边进门还边说:"哎呀,亚伯拉罕,你刚才那个说法就是不对的啊……"

慢慢地,大家逐渐了解了这个参赞,其实这位参赞是一个学者型的人物,他对很多事情不敏感,但是他是军事专家,对有关于军事方面的问题简直就像着迷一样,总能提出自己独到的思考和见解。所以,在林肯总统脾气非常暴躁的情况下,在林肯总统当时难以听到不同声音的情况下,有这位"经受得住被骂"的参赞陪伴,对林肯总统来说就显得分外重要了。

合作伙伴非常重要,选一个良好的合作伙伴,会为我们承担很多事情,我们的工作会变得非常轻松,对工作的结果也会非常放心,心情自然也会愉快起来。时间久了之后,一个良好的合作伙伴也会明白我们关注的是什么,形成良好的合作默契,很多需要处理的事情,不需要交代,也会办得很好。而一个不好的合作伙伴,恰恰相反,我们不知道他在什么时候就会"捅娄子",总是会让我们对工作感到不放心,很多事情需要反复嘱咐,久而久之,工作让我们变得心情沉重,对工作结果也不会满意。

在选择合作伙伴的时候,就应该考虑到这种种的问题,对于合作伙伴,做到"精心挑选",很多不必要的麻烦就会省掉。

77、对谴责者表示善意　　　　　　　　　　　>>>

2012年9月,美国总统大选期间,罗姆尼的一段视频泄漏了出来,视频中的罗姆尼说道:"有47%的美国人依赖政府,以受害者自居,他们没有缴税,却自认为有权享受健康保险、食物、住房,或者其他可以想得到的服务。"此话一出,罗姆尼便被认为抛弃了这47%的美国人,立刻招来了一阵猛批。9月17日,他不得不为此紧急召开记者会,承认自己的讲话"不够优雅",但他却说:"不打算收回自己的言论。"

而奥巴马却懂得向谴责自己或者不支持自己的人表示善意,9月18日,他回应罗姆尼道:"当我2008年赢得选举时,47%的美国人投票给麦凯恩,他们没有投票给我。我在大选之夜说,即使你们没有投票给我,我也听到了你们的声音,我将尽我所能努力成为你们的总统。"

2013年11月25日,奥巴马在"康乐中心"就移民改革发表演讲,接近尾声的时候,一名男子打断了他的发言。开始的时候,奥巴马试图不理睬他而继续演讲,但该男子不停地大喊。他说道:"总统先生,请帮帮我吧,我们的家庭被迫分离了。"

奥巴马回应说道:"这正是我们接下来要谈到的问题。"

男子继续说道:"请你行使总统的权力,停止驱逐国内1150万名非法移民。你有权停止驱逐所有的非法移民。"

奥巴马回头说道："事实上却是，我没有权力。"

当保安人员试图把这名男子带走时，奥巴马向他们挥了挥手，说道："不，他可以在那里。"

现场于是为奥巴马的风度献上了一片掌声。

奥巴马说道："我尊重这些年轻人的热情。事实上，如果不需要国会通过立法的程序，光我一个人就能解决所有问题的话，我会这么做。简单的解决之道就是我高声回应，假装自己可违反法律采取行动。我的建议是走比较艰难的路，利用美国的民主程序，实现你们想要达到的目标。"

奥巴马对打断他的人给予了回应，并给予了民众希望。演讲结束后，他再一次获得了现场雷鸣般的掌声。

身为总统，奥巴马确实遇到过很多谴责和批评，但是他总是对那些谴责者表示出善意，很多政策和观点因此而得到了支持。有人甚至曾经说过："我不支持他的政策，但是我会投票给他。"

在人生道路上，我们会犯各种各样的错误，会听到各种各样的谴责和抱怨，但是，我们要知道，只有当我们做得不够好的时候，别人才会来谴责我们。追溯我们个人的历史，总结过去，我们总能发现，成就一个人或挫败一个人的往往是能否善待批评、谴责我们的人。善待谴责我们的人，我们就能够总是听到好的建议，并改正自己的缺点和错误。这是一种成本最小、效益最高的让自己提高的方法。而且，当谴责我们的人看到我们的改进之后，他们本身也会有一种成就感，进而对我们产生好感，成为我们的朋友或者支持者。

当然，有时候别人的谴责也会是错误的或者不理智的，但是，我们仍然要以善意来对待他们，不能以"小人之心度君子之腹"地以为别人是纯粹的恶意，当我们耐心地给对方解释的时候，大多能够获得理解，反之，以暴躁的态度回应往往会达到相反的效果。因为没有人会对别人的恶意表示理解。

马辛利任总统时，有一项人事调动遭到许多人的反对，在接受代表询问时，一位国会议员脾气暴躁，粗声恶气，开口就给总统一顿难堪的讥骂。但马辛利却视若无睹，不吭一声，任凭他骂得声嘶力竭，然后才用极委婉的口气说："你现在怒气应该平息了吧？照理你是没有权利这样责问我的，但现在我仍愿意详细解释给你听……"这几句话把那位议员说得羞愧万分，其实不等马辛利总统解释，那位议员就已被他折服了。

也许我们以为马辛利总统是个"没有脾气的人"，恰恰相反，他是一个脾气极大的人，只是他有一种比脾气更大的自制力，能将脾气暂时压住。他知道，善待谴责他的人才能够让别人真正理解他，发脾气只能让事情越来越糟。

我们要乐于接受别人的谴责，首先就要让自己保持良好的心态，能够容得下批评，平和地接受，再分析，后消化，最后汲取其中的营养。有一次，林肯作出了一个决定，而有一个议员却对此表示了强烈的谴责，甚至说他是"一个笨蛋"，他并没有生气，而是找到了这个谴责者，听取他的意见。

当然，有的人确实会恶意地来谴责我们，对于我们所做的事情无论多好，都会被他们说得一无是处。但是，这并不代表这样的谴责者对我们就绝对没有好处，换一种角度来看，越是这样的人，越有可能发现我们真正的缺点，越有可能一针见血地找到我们的弱点，善待他们，往往能得到更多有益的意见，并且，还有可能与他们化敌为友,让自己得到更多的支持。

　　总之,我们应当善待一切谴责我们的人,谴责我们的人让我们看到自身的不足,给我们改进自我的机会,让我们更快地靠近成功。

78、化"敌"为友 　　　　　　　　　　　　>>>

　　拜登曾经参加过两次总统竞选,第一次是1987年,结果以失败告终,第二次就是2007年,曾作为奥巴马的党内对手来竞选总统,因为表现不佳而自动退出了竞选舞台。很多人都没想到奥巴马会选拜登为自己的竞选帮手,因为2008年的总统预选辩论上,拜登曾经指责奥巴马的外交政策,并说他不具备当总统的素质,他曾极具讽刺地说道:"我想他(奥巴马)能准备好,但我认为他此刻还没有。总统职位可不是能在职培训的事情。"

　　麦凯恩阵营发言人在一份声明中说过:"没有人比拜登对于奥巴马缺乏经验的批评更为严厉的了。"而奥巴马这一化"敌"为友的做法为他赢得了最终的胜利。

　　众所周知,奥巴马与希拉里在2008年民主党初选中互为对手,双方言辞斗争异常激烈。但是奥巴马在赢得大选后,却并没有对其进行打击报复,反而委以重任——任命希拉里担任最重要的国务卿一职。

　　希拉里在回忆当年的初选时说:"在政治和民主的竞争当中,总会有输的一方。我尽力了,但结果还是没有成功,但是奥巴马请我出任国务卿,我答应了。为什么他会请我来担任这个职务?为什么我又会答应下来?因为我们两个人都热爱这个国家。"

以前,希拉里指责奥巴马"无耻";后来,奥巴马称赞希拉里"可爱"。由反唇相讥到夸赞对方,这一路走来,奥巴马和希拉里的关系发生了巨大变化。曾任希拉里竞选团队总干事的帕蒂·索利斯·多伊尔说:"在同一个团队工作后,这两个同样英明、杰出的人逐渐彼此尊重、相互钦佩。"而另一名熟悉两人关系的消息人士这样说道:"令人吃惊的是,奥巴马渐渐地把希拉里看成是自己人——但在以前谁会想到这一点呢?"

早在从奥巴马赢得大选后的第二年开始,奥巴马与希拉里的关系就日趋缓和、亲密。2009年5月,奥巴马在白宫记者招待会上说希拉里和自己在流感爆发前先后访问墨西哥,他笑着说:"竞选期间,我们一直是对手,但这些天我们已经靠得不能再近了。"

美国可口可乐公司与百事可乐公司曾为了争市场而展开了半个世纪的激烈竞争。可它们的竞争是"未必要打倒敌人"。当大家对百事可乐与可口可乐之战兴趣盎然时,双方都是赢家,因为饮料大战引起了全球消费者对可乐的关注。同种企业双方合作会产生一加一大于二的神奇效果,把双方不同的创造理念融为一体就会产生出新的创造力,这会让双方都受益。

1998年,雅虎想进入中国,杨致远欲邀马云做雅虎的中国掌门,但是当时的马云因为一心扑在在创建的阿里巴巴上,因此委婉拒绝了杨致远。也是这一年,雅虎正式进入中国。后来,马云的阿里巴巴初见规模后,马云给杨致远写了一封电子邮件,问他:"你觉得阿里巴巴怎么样,也许有一天阿里巴巴和雅虎这两个名字配在一起会很好。"

但直到2005年4月,杨致远才回了这封邮件说:"阿里巴巴和淘宝做得很好,有机会想跟你谈谈互联网的走势。"马云说:"这么多年了,终于有了你的一封信。"

一个月后,马云与杨致远在美国一个高尔夫球场上相遇。球场上,大家打赌,让UT斯达康中国公司CEO吴鹰跟马云比赛打定点,看谁打得远。在场的人中只有杨致远一个人赌马云赢。结果这一杆吴鹰打空,瘦小的马云真的赢了。打完球,杨致远笑着与马云并肩而行说:"我们把交易定了吧。"

达成协议后马云禁不住感叹:"我追杨致远追了7年啊。"杨致远则说:"我想在国际上或者科技上、品牌上来支持阿里巴巴,帮助阿里巴巴,用他们的聪明,他们的能力,把我们合并之后的公司做得更大。"这次合作,两人达到了双赢的局面。

其实,我们就应该有这种互利双赢的理念,因为有的时候,我们的敌人"死"了,我们自身的日子也并不好过。竞争对手就像是我们一个良好的助推器,在与"敌人"竞争的时候,我们都保持着警惕,在这中间,我们与"敌人"的能力都得到了提高,而一旦"敌人""死"了,这种警觉消失,我们也不再进步,则很有可能出现"死于安乐"的局面。因此,从这一方面讲,帮助"敌人"其实也是帮助我们自己。

微软和苹果多年来亦敌亦友,彼此竞争,甚至还可以说成相互依存。对于向苹果公司注资,并且苹果后来超越了微软,比尔·盖茨从来没有说过"这是一个错误的决定"。而且,苹果做大之后,微软也与苹果多次合作,最终也获取了不小的利益,两个公司取得了互利共赢。

79、投资未来：培养中下层官员　　　>>>

对于2013年的预算，奥巴马主张限制政府各项开支，可是教育开支计划增加经费，他认为这是投资未来的做法，他警告国会说："阻挠对教育的投资会阻挠美国复兴……我们应投资于立刻可以协助我们经济增长的事项。对这些对我们的增长很重要的事项，我们不能削减。"

奥巴马非常看重投资未来，在培养中下层官员方面，他也总是从年轻人中挑选。

乔恩·法夫罗生于1981年，深受奥巴马的器重。2009年奥巴马的就职演说稿，就是由这位年仅27岁的小伙子泡星巴克咖啡店写出来的。奥巴马发表就职演说时，小平头，脸上带着胡渣、稚气未脱的乔恩·法夫罗夹在达官显要中，毫不起眼。

2004年，乔恩·法夫罗为当时的民主党总统候选人柯瑞写讲稿，在民主党全国代表大会上，他结识了奥巴马。时任伊利诺州参议员的奥巴马正为要在大会上发表的演说伤脑筋，乔恩·法夫罗大胆建议他重写，注重抑扬音律，让奥巴马大为折服。这份经乔恩·法夫罗重新润色的讲稿，让奥巴马成为大会焦点。

在竞选那段时间，法夫罗每天基本在浓咖啡和红牛的刺激下，仔细揣度第二天的政治演讲，有时候他还以玩摇滚乐队的电子游戏作消遣，他甚至还为这种半夜截稿的冲刺生活创造了一个词："绝命赶工"。

对于一个美国政客来说，声望的提高很大程度上是建立在他的演

第十章
广结网,成功需要众人支持

说能力之上的,奥巴马对此非常清楚。而乔恩·法夫罗是白宫有史以来最为年轻的首席讲稿撰写人。奥巴马称赞他说:"能读我心。"成为总统后,他让年轻的乔恩·法夫罗领导白宫十多名资深文胆,乔恩也理所当然地成为了奥巴马的首席文胆。

在很多行业里,领导任用下属总是偏向于任用那些成熟的、老道的、有经验的人,他们认为,任用这些人对于自己来说风险是最小的。而年轻人往往行事鲁莽,而且他们经验等方面还十分欠缺,所以应该先派他们到基层去锻炼锻炼。因此,我们总是看到在很多企业和机关里,总是一群年龄大的"经验人群"占据着要职。

这种保守的做法固然有一定的优势,能够在很多问题的处理上给上级领导节省很多不必要的麻烦,然而,年纪大的人也有他们的缺点,比如做事缺乏冲劲、处处谨小慎微,没有打破常规的胆量和接受新事物的气度,很难发掘创新模式,这样在未来的良好发展上就会大打折扣。

比尔·盖茨接受杂志采访时被问到为什么微软能够一直保持活力,他说:"对我来说,大部分快乐一直来自我能聘请到有才华的人,并与之一道工作。我招聘了许多比我年轻许多的雇员,他们个个才智超群,视野宽阔。如果能够利用他们睿智的眼光,同时广纳进言,那么我们就还会继续独领风骚。"

1992年,美国托马森酒店董事长经过一系列仔细甄选,任命了一批年轻人,并大胆地将他们委派到该集团各下属分支酒店,担任总经理一职。

该董事长的这一行为不仅遭到了集团内部领导人的反对,还招致同行们的嘲笑,因为这批年轻人的平均年龄只有不到30岁,学历也普遍不高。他们之中有的来自管理层,有的来自业务线,有的甚至来自文员等岗位……这样一批要经验没经验,要资历没资历的人,如何能担当得起振兴酒店的大任。

但董事长本人却坚定不移,他说:"不管年轻人会不会'游泳',先把他推下'游泳池',在游泳中他们就自然能学会'游泳'。"

果然,这些被推下"游泳池"的年轻人慢慢地学会了"游泳",在当时美国酒店迅速发展并竞争激烈的情况下,托马森酒店成为美国中小型商务酒店中的佼佼者,总资产超过15亿美元。而这样辉煌的成果,是与董事长大胆起用新人的做法分不开的。

2010年美国著名商务杂志《飞快公司》的编辑艾伦·韦伯曾说过这样一句话:"有经验的被赶走,没经验的站住了脚。"对那些真正有才华的年轻人,领导者就应该把他们当作能够独当一面的大将,委以重任,让他们有机会去表现自己的能力,即使给他们的任务超出了他们的能力也无妨,因为这样反而能够激发出他们的潜能和热情,迫使他们做出更大的成绩。

众所周知,凯迪拉克一直被认定是最具有创造力和审美的汽车企业,原因就是他们的招聘指标中并没有工作经验一栏,甚至,他们更加欢迎那些没有经验,却喜欢异想天开的人才。让这样的人先担任一段时间的中下层职位,通过一段时间的培养之后,他们就会在未来的时间里带来极大的收益。

很多人做事能够着眼未来,真正着眼未来的做法是培养下层的人才,等到他们成长起来之后,事业可以继续下去。

不止步，决不停下前进的脚步

80、沉迷现状就是一条死胡同　　　　　>>>

在治理国家的政策上，奥巴马寻求变革，他知道："这仅仅是胜利，而不是我们所寻求的变化。我们需要做出改变，我们的社会应该更加完美，如果我们一直在老路上行走，那么什么也不会发生。"

奥巴马阐述了沉迷现状将面临更大困境的道理，于是，他接着说："这就是为什么我们可以去改变整个残破的死刑体系；这就是为什么我们把税收体系改革得更公平和公正，从而益于工薪阶层家庭；这也是为什么我们通过了那些愤世嫉俗者所认为永远不能通过的伦理改革法案。"

想要成功，我们就不能安于现状，安于现状会让我们变得自满，让我们裹足不前，让我们变得颓废，变成一个碌碌无为的人。每一个安于现状的人，最终都会把自己逼上死胡同。虽然安于现状貌似是最为保险的做法，其实不然，安于现状会让我们变得固执，无法应对很多突如其来的状况。只有那些敢于创新的人，敢于改变自我的人，才有可能获得机遇的青睐，这是因为不安于现状会激发人的创造力，会让我们在竞争中处于优势地位。

当我们面对困难时，如果想要安忍现态，总是为事情不要恶化而想方设法，那么，我们的艰难处境只会继续恶化，因为我们不思进取。只有当我们去思考改变时，才有可能想出新路来实现突破。

当然，不安于现状就要面临风险，而这些风险是与机遇共存的，闻名世界的石油大王洛克菲勒就是在风险中抓住机遇的。

第十一章
不止步,决不停下前进的脚步

在美国南北战争前,时局动荡不安,各种令人不安的消息不断传出。人们都在忙着安排自己身边的事情,忙着安排自己的家庭和财产。洛克菲勒却并没有宅在家里数钱,而是利用自己的全部智慧在思考:如何从战争中获取附加利益。他想:如果安于现状,就必然会受到战争的蹂躏,财产缩水;如果不安于现状,主动抓住机会,就会获得意想不到的成功。他想:战争会使食品和资源匮乏,会使得交通中断,使得商品市场价格急剧波动。这不是金光灿烂的黄金屋吗?走进去,一定会满载而归!

那时候,洛克菲勒仅有一家4000美元的经纪公司,他决定豁出一切去拼一下!在没有任何抵押的情况下,洛克菲勒用他的设想打动了一家银行的总裁,筹到了一笔资金。然后,他便开始了走南闯北的生意之路。一切都如他预想的那样,第四年,他的经纪公司的利润已经高达1万多美元,是预付资产的4倍。在第一笔生意结账后不到半月,南北战争爆发了,紧接着,农产品价格又上升了好几倍。洛克菲勒所有的储备都为他带来了巨额利润,他的财富就像滚雪球一样越滚越大。

经过了这件事,洛克菲勒记住了一个秘诀:机遇就在动荡之中,关键在于敢于投身进去拼搏闯荡。

很多人都喜欢讨论比尔·盖茨、乔布斯等人的成功之道。抛开技术层面和营销方面不谈,从本质上说,他们两个都是不安分的人,都不沉迷于现状,都"想给这个世界带来点新的东西",只因为这样他们才会在尚未兴起的个人电脑上做出巨大贡献。一个循规蹈矩、安分守己的人,绝对不会为冒险付出任何代价。

有人说:"趁着年轻出去闯一闯吧,世界上最悲惨的事情莫过于年轻人总安于现状地宅在家里不思进取。"满足于平庸生活的人是可悲的,当一个人满足于现有的生活时,他已经开始退化了。敢于闯荡的人总会发现一些新的东西,或者说创造一些新的东西,并且他们总能想到别人想不到的地方,这是成功的必要精神。尤其是对于年轻人来说,以后的路很长,更加需要挖掘自身的各种潜质,开阔自己的视野,寻找突破现状的机会。

81、不要为起步晚而后悔,现在开始还来得及 >>>

很多人可能觉得奥巴马非常年轻就担任了美国总统,他的起步一定很早。其实并非如此,他经历过少年时期的一段迷茫时光,后来又有了5年的社会阅历,一贫如洗的奥巴马才来到了久负盛名的哈佛法学院攻读法学博士学位。

这时,他已经27岁了,在一群刚从大学毕业或毕业后工作很长时间的小伙子和小姑娘里,他是一位名副其实的老大哥。然而,起步晚没有什么,一切都还来得及。奥巴马在这里表现优异,让很多同学和教授都对他刮目相看。

奥巴马是属于"起步晚,跑得快"的那种人,当他告别了迷惘,拥有了人生目标时,就开始全力以赴,因此,他在四十多岁的时候就成为了美国总统。罗纳德·里根的政治生涯起步也非常之晚,1962年之前还在专注地在演艺界工作,之后,他投身共和党,开始在政界崭露头角,并最终取得了伟大的成就,于1981年开始担任美国总统,并在任期内为美国经济创造了奇迹。同样做过演员的施瓦辛格在政治上的起步也很晚,但他通过自身努力,成为了加州州长。

在生活中,很多人可能意识到自己虚度了太多的时光,但却觉得

第十一章
不止步,决不停下前进的脚步

自己的时间已经一去不复返,从而没有"开始起步"的念头,其实起步晚并不可怕,只要从现在开始努力,一切都还来得及。美国著名画家哈里·伯里曼过完80岁生日之后,在公园里碰到了一位画家,并被建议画画。他说:"我连画笔怎么拿都不知道,怎么作画呢?"画家建议他去试一试,最终他取得了成功。

鲁迅是在1906年的时候中止学医,在日本东京开始研究文艺。那个时候,鲁迅已经意识到,中国人的病不在于身,而在于心。

1909年,鲁迅回国后,曾经担任教员职务,也就是在这个时候,他写成了第一篇试作小说《怀旧》,发表于《小说月报》第四卷第一号。1912年,中华民国临时政府成立于南京,鲁迅应教育总长蔡元培的邀请,担任了教育部部员。

这个时期,鲁迅看到了官场的黑暗,经过了多年的不得志之后,他除了撰写《后汉书》和校对《嵇康集》以外,再就是研究佛经等。

1917年,鲁迅辞职回到北京,又过了一段无所事事的时间,才开始了真正的写作之路。也就是说,在文学上真正起步时,他已经是38岁了。唤起他写作欲望的是他的一位朋友钱玄同。这件事在鲁迅的《自叙传略》中有记载:初做小说是1918年,因为我的朋友钱玄同的劝告,做来登在《新青年》上,这时才用"鲁迅"这个笔名。而最终,他取得了举世瞩目的成就。

有的人一直在努力工作,有时候可能会发现自己的人生航向出现了偏差,或者发现自己正在不喜欢的职业道路上行走,或者觉得自己的路子走错了,而一旦放弃现在则意味着重新起步,而很多同龄人已经在这个道路上走了很远了。这个时候,我们也不应该放弃重新起步的希望,只要努力,永远不晚。莎士比亚做过很多工作,走上文学剧作的创作道路时,他的年纪也已经很大了,但最终也取得了伟大的成就。

事实上,在某一项事业上起步晚并不一定是坏事,比如,有的人可能在十几岁的时候就走上了文学创作的道路,而有的人在三十几岁的时候才刚刚走上文学创作的道路,三十几岁的人肯定比十几岁的人有更多的人生阅历和生活感悟,拥有了更多的沉淀,他的文字也一定更加精彩。其他的事业也是一样,更多的生活总能带来更多的感悟,让我们在处理各种问题的时候能思考到更多的东西,处理起问题来也必定更加成熟。从这一点上讲,起步晚反而是一件好事。

82、让自己不断进步 >>>

奥巴马成功当选为《哈佛法律评论》的首位非裔美国人总编时,经过几次洽谈后,他收到了一位出版商的预付款,于是开始写作《我父亲的梦想》。他当时相信自己的家族故事以及他理解的这些家族故事可能会在某些方面涉及到美国历史上无法抹灭的种族隔阂问题……

奥巴马在《我父亲的梦想》中讲过:"与大多数第一次写作的作者一样,我对于这本书的出版寄予了厚望,同时又感到遗憾。我希望这本书可以超越我那年轻的梦想而大获成功,而遗憾的则是我并没有写下什么值得讲述的事情。"

虽然奥巴马所期待的成功没有因为那一本书而到来,但是在不断努力中,他不断进步,最终取得的成功或许超乎了他当时的期待。

《我父亲的梦想》一书销量平平,几个月后,奥巴马仍然继续着原来的生活。他的职业写作生涯是短暂的,在书出版后的10年里,他很少反思这本书。1992年的大选中,奥巴马负责一个选举人的登记方案,开始全心全意为人民服务,并且在芝加哥大学教授宪法。

1996年,奥巴马开始参选州参议员,自己在政界的道路便开始了。他非常满意这个工作,他自己的理由是这样的:因为对州政治事务的衡量能顾及到具体的结果,比如说,增加贫困儿童健康保险金,改良对无辜的人宣判死刑的法规,这在一定时期都具有深远的意义。

其实,他热爱这个工作还有一个非常重要的原因,那就是在工业化大州的议会大厦里,他每天都可以看到这个国家里形形色色的面孔,来自市区的母亲、农民、移民劳工以及郊区的投资银行家……所有人都争先恐后地讲述自己的情形,这能够让他学到更多的东西,而他也在这样的环境中不断汲取政治营养,在政途上他因此而不断进步……

有人说:"让自己在知识、技能、见识等等之上不断进步,就能让自己不断攀上新的人生台阶。"成功者之所以成功,不是由于比别人聪明多少,而是因为他们每天都在坚持用各种方式不断地改进自己。虽然,我们丰富了自己的知识,让自己增长了见识之后,可能一时之间攀上新台阶的效果并不显而易见,但终有一天能够看到。奥巴马在攀上人生顶峰之前也是经过了不断积累的。

起点低不要紧,进步慢不要紧,只要我们每天都在进步,就会离成功越来越近。不要轻视每天一点点的进步,坚持下来,它将给我们带来天翻地覆的变化。

童第周出生在宁波鄞县塘溪镇童村,从小父亲就给他讲水滴石穿的故事,告诉他每天进步一点点,长此以往,肯定会成功。童第周对这个道理虽似懂非懂,却十分惊奇。终于在一次下大雨的时候直接证实了父亲的话,他静静地坐在门槛上,看檐头的水一滴一滴地滴在石板上,多么齐心,多么顽强,他心想,年长日久,自然水滴石穿了。于是逐渐领悟了父亲的话。

因为家境不好,没钱供他上学,直到17岁那年,在哥哥的帮助下,他才进入了宁波师范预科班。他十分高兴,抓住这个得之不易的机会,刻苦学习,不放过一分一秒。因为以前只是在私塾里学过一点文史知识,并没有数理方面的基础,所以他学习起来非常吃力,但他并不气馁,而是更加努力地学习,他要赶上别人,所以,他每天起早贪黑,一点一滴地积累和补习落下的课程。

不仅如此,在他内心深处,还为自己确立了更高的目标——他要考效实中学。靠着"水滴石穿"的精神,他考取了效实中学三年级,只不过成绩是倒数第一。一年以后,经过他不懈努力,从倒数第一变为顺数第一,几何成绩从入学时的不及格变为一年后的100分!后来,他以优异的成绩考入了复旦大学,成为复旦的高材生。毕业以后,他又到比利时留学。1934年获博士学位,这时他32岁。

我们总是注重那些成功人士周围的鲜花和掌声,而忽略他们所流过的汗水。恰恰是因为那些汗水,让他们不断取得进步,成功是随着他们自身的进步而来的。

让自己不断进步的过程其实也是让自己不断接近完美的过程。并不是每个人一生下来就懂得努力工作,也不是每个人一生下来就懂得珍惜生命……这些都需要我们不断进步,不断学习,慢慢去理解和感悟,在这种感悟之中,我们的品质学识等等也便趋近完美。

83、无论我们在何处,都有工作在等待着我们 >>>

当奥巴马确定了自己的人生目标之后,他就注定成为了一个"大忙人",无论在任何岗位,任何地方,任何时候,他都要为自己的未来随时准备。成为州参议员后,即使是每天早上的清闲时间,他也要多思考自己的未来。他忙着为自己打通人脉,与同僚们切磋篮球技艺。在闲暇时,他还经常和不同党派的参议员一起打牌,他甚至专门聘请了一位教练教自己打高尔夫球。这些都是为了能够更好地与同事们交流沟通,以便结交更多的朋友。

而真正在工作的时候,他则会非常认真地处理问题,倾听每一个人的声音,以便最终能够得到最好的解决问题的方法。

2013年5月份的某个星期一,佛罗里达议员卢比奥希望奥巴马能够解雇国税局的代理专员史蒂文·米勒,并且就国税局内部员工侵犯纳税人宪法权利的行为进行立法,追究其刑事责任。

在新闻发布会上,奥巴马表示国税局违法私查税务的工作人员需要为此负责,并非常愤怒地说:"我不能够容忍这种事情。"

正当奥巴马为此事忙得焦头烂额时,他又遭遇了一场危机。美司法部遭到美联社起诉,美联社称司法部截获了该社很多记者和编辑两个月的电话记录,并把这种行为称作对新闻界"史无前例的大规模侵扰"。

短短一个星期内,白宫事发不断。

身为美国总统,有太多的事情要去处理,有时候,还要应对太多的突如其来的事情。

其实对于我们每个人来说,工作都是做不完的,有人说:"在工作中有一个定律:做不完定律。如果事情做得完,你就是组织中不重要的人。"对于一个组织中重要的领导者,总是会希望组织不断向前发展,并发现组织中的不足,进而着手解决。而那些不重要的人,往往想着去领一点儿死工资,其他的事情不闻不问,这样的人自然也不会有什么前途。

只要我们对自己不放弃,任何时候,都能够发现工作,让自己充实起来,并逐步走向成功。如果我们担任着组织中不重要的位置,那么,就主动承担一些责任;如果我们面临了人生的困境,也不要沉浸在悲伤之中,而是投入到有意义的工作里,人生同样精彩。

1960年1月,安东尼·布尔盖斯40岁的时候,得知自己患了脑癌,医生预计他只能活过当年夏天。由于破产,他没有任何东西可以留给自己的妻子琳娜,而她马上就要成为一个寡妇了。虽然布尔盖斯明白他的生命即将凋零,但是他知道自己必须和命运搏斗。

布尔盖斯虽然靠做生意维持生计,但他从小就有写作的爱好,为了给妻子琳娜留点钱,他开始尝试写小说。他不知道自己写的东西能否出版,然而他别无选择。

那段时间,布尔盖斯拼命写作。在新年的钟声敲响之前,他竟然不可思议地完成了5部小说——这个数字接近英国小说家福斯特毕生的创作,两倍于美国小说家塞林格的创作。对于这一惊人的小说产量,布尔盖斯事后把它归功于自己只想尽可能多的写,以期望能用稿费为妻子留些钱。

然而最后,布尔盖斯并没有死。癌细胞正逐渐消失,他的病情得到了缓解。从此之后,小说创作成为布尔盖斯毕生的职业。他一生写了70多部书,算得上是一个极为高产的作家。然而如果没有那个可怕的死亡预言,他也许根本就不会从事写作。

只要我们拥有成功的渴望,那么,就一定会发现自己还有很多事情要去处理。而一旦我们停下来,我们的对手就有可能会超过我们。伟大的科学家牛顿曾经在暴风之中计算风力,正是拥有这种精神,他才取得了伟大的成就。

有人说:"时刻记住,你还有许多事情要去做。"我们每个人都应该有承担责任的义务,都应有把工作做得更好的心态。或许,我们已经取得了一定的成绩,但我们还将拥有更大的责任和义务,主动地去发现那些工作,并且努力完成,这样,我们的人生才会有意义。

84、无论面对什么问题,都倾尽自己的全力　　>>>

2012年,奥巴马面对与罗姆尼的竞选,他再次倾尽了全力。无论是筹款方面、电视宣传,还是双方之间的辩论准备等,奥巴马可谓做到了尽善尽美。在备战与罗姆尼的电视辩论时,奥巴马专门请来了曾经与小布什竞选过总统的克里来模拟自己的对手。全力以赴的奥巴马最终如愿以偿。

奥巴马连任之后并没有松懈下来,因为,打败罗姆尼后,迎接奥巴马的不仅仅是连任的喜悦和胜利的骄傲,还有一系列问题,包括国内的财政悬崖问题以及国际上的安全事务问题等,对于所有问题,奥巴马都必须全力以赴。

美国总统全力以赴维护国家安全,才能让民众放心,奥巴马全力以赴面对任何问题,也正是他取得成功的法宝。无论担任什么样的职位,奥巴马总是能将工作做得十分出色,因为他绝不会为了轻松而敷衍了事,而是为之付出百分之百的努力。

在生活和工作中,我们也需要这种面对任何问题都倾尽全力的精神。很多人确实有解决问题的能力和天赋,然而,如果没有倾尽全力的精神,这种能力就不能被充分挖掘并发挥出来,最终很有可能面临失败的结果。当我们倾尽全力去做事时,就有可能克服很大的困难,哪怕我们面对的是一件小事,也有可能创造奇迹。

"给我做一柄最好的锤子,要那种你能做得最好的。"在美国纽约州的一个小村庄里,一个木匠对梅尔多说道,"我是从外地来的,在这里做一个工程,但是我把锤子忘在家里了。""我做的每一柄锤子都是最好的,我保证。"梅尔多非常自信地说,"但你会出那么高的价钱吗?"

"会的。"木匠说,"因为我的工作需要一柄好锤子。"

戴维·梅尔多最后交给木匠的,确实是一柄很完美的锤子,也许从来就没有哪柄锤子比这个更好。特别值得一提的是,锤子的柄孔比一般的要深,锤柄可以深深地楔入锤孔中,这样,在使用时锤头就不会轻易脱柄。要知道,锤头脱柄是一件特别让人烦恼的事情。

这名木匠对这把锤子十分满意,在工作中用得异常顺手。所以当同伴的锤子脱柄时,他总在向同伴炫耀他的新工具。

他的工头知道后,也找到了戴维·梅尔多,给自己订了两件,要求比木匠订制的更好。

"对不起,先生。这我可做不到,"梅尔多说,"我打制每个锤子的时候,都是尽可能把它做得最好,我不会在意谁是主顾。"当工头拿到锤子后，发现戴维·梅尔多确实按照他自己的想法去做了，他的两把锤子都很完美。

梅尔多倾尽全力制造每一把锤子，为他赢得了良好的声誉，人们纷纷来定制他的锤子，后来，他成立了"梅尔多公司"，成为了百万富翁。

有人面对简单的小事，往往会马虎大意的对待；有人面对特别困难的问题，往往会出现一种放弃的念头，这两者都不可取。马虎大意地去做小事情，有可能会出现失误；本着一种放弃的心态面对极大的困难，是绝对不可能成功的。只有无论事情大小，都全力以赴，小事才能做到尽善尽美，大困难才有克服的可能。

也只有当我们倾尽全力去面对任何问题时，即使最终我们仍然不可能把事情做得完美，但努力过后，也绝不会后悔，因为我们已经尽力了。

85、面向更高目标的挑战精神　　　>>>

在以压倒性优势获得美国国会参议员选举胜利之后，奥巴马以他本身的经历昭示了一个新的美国梦的诞生。奥巴马作为一名非裔国会参议员，在走向总统位置的道路上，依仗的是自己敏锐的思想、理性的思维以及冷静的头脑，而最重要的是他面向更高目标的挑战精神。

2007年，奥巴马开始明确地向着更高的目标进行挑战：参选美国总统。对于奥巴马的参选，很多人都表示他们看好这匹创造奇迹的黑马，有人甚至把奥巴马比作新一代的肯尼迪，肯尼迪的女儿说："我等这样的人等了很久了。"很多人对他充满了期待，认为他将会帮助美国开启一个新的时代。

2008年8月28日，奥巴马接受了民主党总统候选人的提名，面对7万多观众，奥巴马发表了以"改变和团结"为主题的演说。针对美国人面临的一系列问题，奥巴马毫不留情地抨击了布什政府，他说道："我们来到这里就是因为出于对于国家的爱，我们不能容许下一个4年还是像过去的8年一样，11月4日，我们必须站起来说：8年已经够了。"

然后，奥巴马把矛头对准了麦凯恩推出的一系列政策，并且回击了麦凯恩对自己不能保卫国家的说法，他坚定地说道："我们是罗斯福的党，我们是肯尼迪的党，别说民主党不能保卫这个国家，别说民主党不能保卫人民的安全。"

最后，奥巴马引用了马丁·路德·金的话号召不同信仰、不同种族、不同肤色的人团结起来，为个人和国家的梦想而努力。

也就从这一天开始，奥巴马开始带领民主党成功人士共同为自己的总统目标开始奋斗了。

当然，并不是生活中的所有人都应该确立"总统梦"，也并不是所有人都要有这样的伟大目标，成功的真谛不在于我们是否确立了世界上最伟大的目标，也不在于我们是否超越了别人，而是在于我们是否超越了自己，是否敢于为自己确立更高的目标，并且为之奋斗。

卡耐基小时候家里很穷，接受的教育并不完整，然而，年轻的卡耐基却想成为一名作家，想要达到这个目的，就必须精于遣词造句，这样的话，他必须有一本字典。于是，他便存钱买了一本字典，并且开始了漫长的自学。最终，他成为了伟大的心灵导师。

1940年，一个15岁的男孩写下了一生中要完成的127条目标，它们

第十一章
不止步，决不停下前进的脚步

包括了攀越世界上的主要山峰，探险巨大的水路，在5分钟内跑完一英里(1600米)，阅读完莎士比亚全集以及《不列颠百科全书》等。之后，他完成了127条中的111条，以及500多条15岁之后设立的目标。

他说："一切都从写下目标的那刻开始，如果你真知道你一生想要什么，你会惊奇地发现帮助你实现梦想的机会会自己跑来。"

在半个世纪的时间里，男孩戈达德用有限的时间、精力和金钱完成了一个又一个看似不可能完成的目标：他登上了包括马特、阿拉拉特、斐济、兰尼埃和大蒂顿等在内的12座世界最高的山峰。他到过世界122个国家，曾与260个不同的原始部落一同生活。他会驾驶40种不同类型的飞机，他仔细阅读了《大英百科全书》等书籍，并学会讲法语、西班牙语……

"我总是选择伟大的目标，并总把目标写下来，进而超越自我。"在戈达德的一生中，确实面临过无数次生死危机：他曾被响尾蛇、大象、河马、鳄鱼、野狗袭击，他也曾被困于流沙，遭遇地震，经历过空难，还4次差点在激流中丧生。在尼罗河的探险中，戈达德险些饿死……但这些惊悚的经历并没有阻止戈达德再次出发。

随着戈达德"生命清单"上的目标一项一项地完成，他逐渐成为了人们心目中最厉害的实现目标者，最牛的战胜自我的人。他让很多人明白了挑战自我的价值和意义。我们不必也像他一样制定如此伟大的目标，在我们的生活中也有我们必须要做的事情，我们也有我们的梦想，比如说，我们也想着升职，也想着提高自己的成绩等，要完成这些，都需要我们具有挑战精神。

当面向更高的目标去挑战的时候，我们往往能够怀有极大的热情，我们的潜力也会因此而激发出来，最终会实现梦想，走向更高层次的幸福。

86、障碍不是用来放弃的,而是用来超越的　　>>>

　　"财政悬崖"的概念是美联储主席伯南克在2012年2月7日在美国国会的听证会上提出的,伯南克指出:美国将在2013年出现税收减少和开支增加的局面。伯南克所说的"财政悬崖"实际上是指发达国家过度消费和过度负债结出的苦果。

　　奥巴马成功连任之后,美国"财政悬崖"的规模将达到8000亿美元,相当于美国国内生产总值的5%,这很有可能导致美国经济的极度萎靡。美国国会发布的预算报告说:美国如果不能阻止"财政悬崖",2013年美国实际国内生产总值将会下降0.5个百分点,而且美国的失业率将会在第四季度升至9.1%。

　　对于美国经济发展的障碍——财政悬崖,奥巴马向国会两党的重量级议员都释放出了寻求合作的信号。

　　对于财政悬崖问题,共和党希望迅速削减开支以实现预算平衡;民主党则认为削减开支平衡预算并非长期目标,短期内还是应该以刺激经济为主。面对这种情况,奥巴马表现出了想要与共和党就"财政悬崖"问题达成和解的妥协姿态,另一方面,奥巴马通过积极的公开活动为增加税收和减少赤字方案寻求各方支持。

　　11月13日,奥巴马会见了美国劳工组织和进步团体的领袖,之后,他又和百事可乐、雪佛兰、IBM、美国运通等各大公司的高管举行了会晤。通过这些活动,奥巴马取得了比较满意的结果,因为多数人都赞成通过增税和减支的方式来削减赤字。

第十一章
不止步，决不停下前进的脚步

接着，奥巴马又想出了一些方法来克服经济发展的障碍，并付诸施行……

国家的障碍需要领导人去解决，而我们每个人的生命中也都会出现一些障碍，为了实现自己的梦想，我们只能靠自己的能力和勇气去超越。贝基拉出生在埃塞俄比亚的一个贫苦的家庭，他渴望成为一名驰骋赛场的长跑健将，贫穷没能让他放弃梦想，买不起跑鞋的贝基拉坚定而执著的赤脚奔跑训练，广袤的原野、泥泞的山路、坚硬的戈壁滩上，随处可见他奔跑的身影，他练出了一双铁脚板。数年后，他成了埃塞俄比亚著名的马拉松运动员。

从小就喜爱篮球运动的博格斯，因身材长得矮小，在一起玩球的伙伴们都瞧不起他。有一天，博格斯很伤心地问妈妈："妈妈，难道我就这样不长个了吗？"妈妈鼓励他："孩子，你会长得很高的，只要你努力你一定会成为大球星。"从此，长高的梦像天上的云一样在他心里飘动着，每时每刻都在闪烁希望的火花。

博格斯一直苦练球技，虽然自己的身高并不如其他队员，但是每次自己所在的队伍总是赢球，博格斯也逐渐成为了球队的明星。"业余球星"根本不是终点，博格斯的野心更大了，他想进入NBA联盟，但是面临着更严峻的考验——1.60米的身高能打好职业赛吗？博格斯横下一条心，个矮也能闯天下。

博格斯在大学和华盛顿子弹队的赛场上，收走了从下方来的90%的球……后来，博格斯进入了夏洛特黄蜂队，在他的一份技术分析表上写着：投篮命中率50%，罚球命中率90%……随后的职业生涯多半时间效力于夏洛特黄蜂……博格斯还缔造了NBA的一项纪录，场均助攻失误比5.07，令联盟诸多传球高手佩服不已。

障碍是用来超越的,而不是用来放弃的,当一个人超越了障碍之后,就会取得辉煌。在《国王的演讲》这个影片中,国王有口吃的毛病,无法面向大众进行演讲,然而,通过各种方法,最终他克服了这一障碍,能够流利地面对公众说话了。并在国家面临危难时,他通过向民众演讲,给予了民众精神上无穷的力量,带领民众渡过了难关。

如果我们因为一点儿小障碍而放弃自己的人生,那么,我们有可能会为此而后悔;如果我们在障碍面前,无论大小,选择超越它们,继续向着梦想前进,那么,我们的生活将无比精彩。

87、善于接受新事物　　　　　　>>>

奥巴马是一个善于接受新事物的总统。2009年上任后,他出台的很多政策都体现了美国新一代总统对于新事物的关注。对于美国正逐渐失去其科技主导地位的现状,奥巴马确立了对科学研究的资助政策,要以此确保创新,其中包括诸多方面的资助:互联网、数码摄影、全球定位系统、激光手术、化学疗法等技术。

美国曾经一度在宽带部署方面处于世界领先地位,奥巴马就任总统后,他努力让美国在宽带普及率和互联网接入方面重返世界领先地位。奥巴马政府将通过改革"普遍服务基金",开放全国无线频谱,将宽带运用于学校、图书馆和医院,从而将宽带切实推广到美国各社区。

奥巴马政府保护互联网的开放性。他极力支持网络的中立原则,维护互联网的公开竞争。用户必须能够自由存取内容、使用应用程序、加载个人设备，以及接收关于服务计划的准确、真实的信息。此外，奥巴马将鼓励广播媒体所有权的多元化，促进各抒己见的新媒体机构的发展，并明确覆盖全国范围的播音员的公益性职责。

事实上，在总统大选中，他就充分利用了互联网传播速度快和成本低的优势，为自己宣传造势，最终赢得了总统选举。

当今社会中，很多东西瞬息万变，原来，相机胶卷是新鲜事物，但很快，数码相机出现了，而将来会出现什么样的新事物，我们都不得而知，但只要我们拥有善于接受新事物的能力，就能让自己永远不落后于时代。

如果我们能够抓住新事物产生带来的机会，不仅仅会跟上时代的潮流，而且能够让自己有所发展和收益。巴顿将军善于接受新鲜事物，在二战中，用新颖的部队以及新颖的战斗方式打赢了多场战役，最终赢得了世界的尊重，并成为了著名的二战风云将领。

《二程语录》中说："君子之学，必日新，日新者，日进也。不日新者，必日退，未有不进而不退者。"意思是：君子学习的东西要不断地追求新事物新知识，追求新事物新知识者就会每日都有进步，不追求新知识者就相对而言就要退步。一个不善于接受新事物的人，一定会被时代的发展潮流所淹没，自己的事业也会受到挫折。前进的脚步不能够停，随着时代进步，我们应该迈开更快的步子。

在生活中，我们都应该树立不断学习的全新理念，让自己不断地接触新鲜事物，并做到在学习中工作，在工作中学习，真正实现自我完善、自我超越，这样才会在人生的道路上少走弯路。如果忽视学习新知识，那么我们明天就可能被淘汰。

88、前进要保持归零的心态　　>>>

2012年4月,奥巴马的竞选团队发布了一则新的竞选广告,广告标题为"前进",这也是奥巴马为2012年总统大选推出的新的竞选口号。

广告以2008年1月为起点,描绘了金融危机爆发后,美国房屋销售暴跌、雷曼兄弟公司破产、股市暴跌等一系列事件,同时用一条红色的不断下降的曲线标明美国失业率飙升……广告还暗示了经济问题是其前任总统小布什造成的。

奥巴马的竞选广告里当然还列举了奥巴马就任以来所取得的成就,包括刺激经济增长、救援汽车业、增加就业机会、信用卡和华尔街改革、推动医疗改革、国家助学贷款改革、投资绿色能源、为中产阶级降低税收、男女同工同酬、结束伊拉克战争、击毙基地组织头目本·拉登等。

然而,奥巴马在2012年的总统竞选中并没有陶醉在过去取得的成就中,他虽然提到了那些成就,但仍然抱着从零开始的心态,全力以赴参加竞选,甚至比2008年时的总统竞选更加努力。

2012年,有更多的志愿团为奥巴马拉票。有一次,奥巴马对着年龄大多是20～30岁的成员发表感谢讲话:"不是你们让我想到自己,而是你们比我优秀得多。你们更聪明、更有条理,也更有效率。罗勃·甘迺迪曾说,当你把石头投入湖中,就会激起'希望的涟漪',那就是你们。"

奥巴马还表示:"因为你们的努力,代表我正在做的事是重要的。我很骄傲,我以你们为傲。"团队报以掌声时,奥巴马拭去眼眶泪水。

第十一章
不止步,决不停下前进的脚步

从前怎样努力,之后就怎样努力,奥巴马每一次走到更高的台阶,都会以这样的努力心态继续向前。因此,我们看到他非常成功,走上了总统宝座,并成功连任。

当我们要计算一个数学问题,最好的方法就是使计算器归零,然后才能开始计算;当我们面对电脑系统的紊乱,最好的方法也是对影响正常工作的垃圾和程序进行清理,最好的方法也是归零。很多人继续前进的时候总是放不下自己的地位,放不下已有的成功,让自己骄傲地去继续做事,这种心态往往让我们失败。

归零的心态极其重要,无论我们过去取得了怎样的成功,归零的心态让我们保持平常心继续前进,并帮助我们取得更大的成就。"成功需要让心态归零,失败同样也需要让心态归零",我们前进的脚步并不只是被过去的成就所累赘,有时候还会被悲惨的过去所影响,因为过去的失败,我们失去自信,因为自卑,我们不敢前进,这时,我们更加需要让自己的心态归零。

作为曾任花旗集团首席财务官兼执行总裁克劳切特女士可谓风光无限。但很少有人知道,能走到今天这一步,她经受了多少质疑、非议和否定。

在离开学校之后,克劳切特决心做一名研究分析师。1994年,她向华尔街上几乎所有的公司投出了简历,但没有一家公司肯录用她。克劳切特说:"美邦拒绝了我两次。他们不确定我有没有收到拒信,所以发了两次。最后我明白了,他们不会再回信了,我对此非常灰心。不过这种低沉的情绪只持续了很短的时间,很快我就重新燃起了信心,而且这次我也明白了一个道理,那就是如果想要成功,无论经历多少次失败,都不能影响心态,并应从头开始。"

克劳切特牢牢地记下了这些公司的名字——所罗门兄弟、高盛、美林、摩根士丹利、美邦银行。

她决定要用实力向他们证明自己,最后她的确做到了,她让这些公司刮目相看,为自己当年的决策而后悔。

保持归零的心态,并不是抛弃所有,过去的成功会成为我们前进的跳板,过去的挫折将成为我们走向成功的教训,我们应当充分利用过去。保持归零的心态是让我们在心态上保持平常心,站在新的起点上,为了实现更高的目标,我们应当充分利用过去的"资本"而前进。

我们每个人都是一个计算器,可能有能力计算出非常复杂的数据,但无论我们之前输入过怎样的信息,当需要继续前进的时候,千万不要忘了"归零"。